KB236802

체력은 최고의 국가 경쟁력

이 영 욱

새미

머 리 말

　대한민국은 스포츠 강국이다. 적어도 외형상, 국제적으로는 그렇다. 1988년 서울올림픽을 통해 인류의 이념 간 갈등 해소에 기여했으며, 2002년 한·일 월드컵대회의 성공적인 개최를 통해 지구촌에 대한민국의 위상을 알렸고, 각종 국제 대회에 출전하여 뛰어난 경기력을 발휘하며 스포츠 강국을 입증시켜왔다. 하지만 우리 내부를 면밀히 살펴보면 얼마나 허상인지 쉽게 알 수 있다.

　세계적으로 10대 스포츠 강국이라는 엘리트 체육의 화려한 포장 안에 내용물인 일반 국민들의 체력은 기대에 미치지 못하고 있는 것이 현실이다. 특히 미래 한국의 주인공인 청소년들의 체력은 허약해 질대로 허약해져 심각한 지경에 이르고 있다. 운동 부족으로 인해 성인들에게서 나타나는 각종 질병이 발생하고 있어 애늙은이로 성장해 가고 있는 것이다.

　일선 학교 현장에서 체육교육을 맡아 지도해 온 교사의 한사람으로서 무한 책임과 함께 안타까움을 감출 수 없다. 그러나 국민소득이 높아지면서 국민들의 스포츠에 대한 관심이 높아지고 있다. 현 시점에서 진정 스포츠 강국의 위상은 어떤 모습인지에 대하여 사려 깊게 연구해 볼 필요가 있다. 스포츠의 장면에서는 위기 다음에 기회가 오게 마련이다. 위기를 기회로 만들기 위한 노력 즉 스포츠를 통한 체육 가치의 실현에 전력을 기울여야 할 때이다.

글은 쓸수록 어렵다. 특별한 능력 없이 글 쓰는 방법을 따로 익히거나 특별히 배운 것도 없으면서 주간지인 지방 신문에 정기적인 칼럼 코너를 갖고 있다. 고향 사랑에 기초하여 지역의 현안과 사회전반에 걸친 현상을 진단하고 나름대로 대안을 제시해 보는 코너로 운영하고 있다. 그 중 체육 분야와 관련된 글들도 다수 있다. 이 곳 저 곳의 신문 지상에 사회현상과 스포츠 장면에서의 다양한 현상에 대해 짧은 생각들을 피력했던 글들이다. 체육 가치의 실현에 작은 보탬이라도 되었으면 하는 생각에 이 글들을 한 곳에 모아 정리했다.

지난해 여름 교직생활 22년 만에 교감자격연수를 받았다. 부족한 필자로서는 억세게 운이 좋기도 했고, 제도의 덕도 있었지만 주위의 많은 도움 없이는 불가능했을 것이다. 우선 나의 소중한 가족들의 깊은 이해와 함께 현재 몸담고 있는 횡성여자고등학교의 교장·교감선생님을 비롯한 선생님들의 관심과 사랑 그리고 무엇보다 그동안 학교 현장에서 보이게 보이지 않게 끌어주고 밀어주었던 일선 학교 선·후배 체육선생님들의 적극적인 도움이 있었기에 가능했다고 믿는다.

졸필의 글이지만 이 책을 그동안 크고 작은 도움을 주셨던 분들 모두에게 특히 일선학교에서 학생들의 건강한 심신을 위해 헌신적인 노력을 아끼지 않고 계신 체육선생님들에게 감사의 마음과 함께 전한다. 우리말에 화장실 다녀오기 전과 다녀 온 후가 다르다는 말이 있다. 적어도 내겐, 우리 체육인들 사이에서는 통하는 말이 아니길 위해 나 스스로 노력할 작정이다.

필자의 처녀작인 「도전, 그 아름다운 이야기」에 이어 또 하나의

작품을 탄생시킬 수 있도록 흔쾌히 허락하고 도와주신 국학자료원
의 정찬용 사장님께 깊은 감사를 드린다.
  끝으로 이 책의 제목과 같이 우리 대한민국이 발전하는 국력과
더불어 국민들의 체력이 동반 상승하여 삶의 질을 한 단계 더 향
상시키고 명실상부한 스포츠 강국으로서의 위상을 한껏 높이게 되
기를 간절히 소망한다.

2006년 2월
무궁화동산에서

축 간 사

체육입국을 향한 대한민국의 힘찬 진군이 계속되고 있습니다. 그 바탕에는 풀뿌리 체육을 키우고 가꾸어 온 일선 학교 체육교사들의 땀과 눈물이 녹아있습니다. 여기 남다른 열정으로 학교 현장에서 체육교육을 통해 바른 인성의 함양과 건강한 사회를 만들기 위해 애쓰는 교사가 있습니다. 저자인 횡성여자고등학교의 이영욱 선생님입니다.

제자 사랑과 향토애의 뜨거운 가슴을 지닌 이 선생님이 체육교육에 대한 넘치는 열정을 함께 갖고 있음을 발견합니다. 이 선생님은 체육교사로서는 보기 드물게 육성종목의 지도로 바쁜 일과 중에도 고 3담임을 맡아 진학지도에 열과 성을 다했으며, 향토지에 자신의 고정 칼럼 코너를 이용해 주민 계도에 앞장서 왔고, 강원중등체육연구회의 사무국장을 맡아 체육교사들의 단합과 새로운 교육 정보를 제공하는 창구로서의 역할을 성실하게 수행함은 물론 중앙의 각종 학술 대회에 참가하여 발표하는 등 활동 영역을 넓혀가고 있는 분입니다.

이 선생님은 다양한 지면의 기고를 통해 스포츠 현장과 학교 체육교육의 현장에서 체육 가치의 실현을 위해 애를 쓰고 있습니다.

그는 변화하는 시대에 걸 맞는 스포츠 정신의 구현을 통해 체육의 진정한 가치를 이룰 수 있다는 신념으로 꾸준히 노력해 오고 있습니다. 진정한 교육자와 참다운 체육인인 이 선생님을 보노라면 경이로움 마저 생깁니다.

이 선생님의 제자 사랑은 남다릅니다. 혼을 쏟아 붓는 뜨거운 열기가 느껴집니다. '선생은 있어도 스승은 없다' 는 혼탁한 세태 속에서 그를 따르는 제자들의 모습을 보면 참스승의 진면목을 볼 수 있어서 언제나 흐뭇합니다.

학급 담임과 운동부를 맡아 제자들에게 열정을 쏟고, 교무부장을 맡아 중견 간부로서의 역량을 키워오던 이 선생님이 지난해 여름 중등교감자격 연수를 받았습니다. 의당 자신이 성실히 노력한 결과임에도 불구하고 동료 및 선·후배 체육교사들의 보살핌 덕으로 미루며 보은의 의미에서 그동안 써 왔던 글들을 모아 이 책을 발간하게 된 점은 그가 예사롭지 않음을 엿볼 수 있게 하는 대목입니다.

이 선생님은 다양한 지면에 기고를 해 오고 있습니다. 대중이 보는 신문 지상에 자신의 생각을 논리적으로 밝힌다는 것은 쉬운 일이 아닙니다. 무엇보다 용기와 배짱이 있어야 합니다. 체육교사로서의 뚝심이 돋보입니다. 논술 학원 교재에도 이 선생님의 글이 실린 것을 보면 글의 구성이 비교적 짜임새가 있는 것으로 보입니다. 논술이 강조되고 있는 시점에서 체육 선생님들은 물론 입시를 앞둔 학생들에게도 매우 유용한 책이 될 수 있을 것으로 생각됩니다.

앞으로도 변함없는 열정으로 스포츠와 학교체육 그리고 사회 현상에 대한 건전한 비판과 합리적인 대안을 제시해 주기 바랍니다.

따라서 이 책의 발간이 끝이 아닌 또 다른 시작을 의미하는 계기가 되기를 기대합니다. 스포츠와 학교 체육교육을 통해 밝고 건강한 사회, 부강한 나라를 만들어 가기 위한 노력의 결실이 맺어지기를 소망하면서 이 선생님의 노고에 치하를 보냅니다.

2006년 2월

강원도 교육감
한만용

••• 차 례

1 월드컵

2 올림픽

3 엘리트체육

4 생활체육

7 청소년문화

8 스포츠 일반

9 인성교육

월드컵

 # 지구촌의 축제, 월드컵을 즐기자

　60억 지구촌의 가슴을 뜨겁게 달구는 21세기 첫 세계적 스포츠 행사인 제17회 한·일 월드컵이 역사상 동양에서는 처음으로 우리나라와 일본에서 시작되었다.

　그동안의 월드컵은 지구촌 반대지역에서 개최되어 밤잠을 설쳐 가며 TV를 시청해야 하는 불편함이 있었지만 이번 월드컵 경기는 우리나라와 일본에서 열려 하루 일과가 끝나는 초저녁시간이므로 일에 지장을 주지 않고 축구의 진수를 시청할 수 있는 좋은 기회이다.

　월드컵은 백년에 한 번 개최될까 말까할 정도로 개최가 쉽지 않은 것이 주지의 사실이다. 따라서 우리나라에서 개최된 월드컵경기는 남녀노소 모두가 즐기는 행사가 되어야 한다. 축구가 이제는 남자들만의 전유물은 아니다. 여자축구도 월드컵 경기가 있으며 우리나라에도 많은 여자 축구팀이 있다. 스포츠는 자신이 직접 참여하여 행하는 스포츠와 관전하는 스포츠로 분류된다. 축구는 여자로서

행하기가 어렵겠지만 보는 스포츠로서는 격렬하고 남성적이어서 어느 종목보다 각광받고 있다.

월드컵은 단일 종목으로서는 세계 최대의 스포츠행사이다. 각계각층의 국민을 하나로 묶을 수 있는 것이 스포츠의 최고 기능이다. 스포츠는 감동을 주는 드라마다. 축구공은 둥글고 승부는 예측하기 어려워 이변이 가장 많이 일어나는 종목이기도 하다. 따라서 축구는 곧 우리의 인생 역정과 같다.

생전에 한 번 보기 힘든 월드컵이 우리나라에서 열린다. 수치로는 상상이 가지 않는 세계적인 황금 발들이 모두 모였다. 스타는 왜 스타인가를 확인 할 수 있는 좋은 기회이다. 현란한 드리블, 정교한 패스, 강력한 슈팅, 엄격한 심판의 판정, 판정에 복종하는 선수들의 태도 등 우리 모두가 빼놓지 말고 즐겨야 하는 요소들이다.

우리 지역은 월드컵과는 직접적인 관계가 없다. 하지만 외국관광객들은 경기가 없는 시간을 이용하여 우리나라 곳곳을 관광할 것이며 우리 고장을 들리거나 지나게 될 것이다. 특히 우리는 개최국 국민으로서 열두 번째 국가대표 선수들임을 잊어서는 안 된다. 세계 축구 마니아들에게 개최국민으로서의 자존심을 높이고 한국을 찾은 외국인들에게 친절을 베풀어 감동을 주어야 한다. 깨끗하고, 질서 있고, 친절한 모습은 우리가 외국인들에게 보여주는 데 필요한 것임은 물론 우리의 윤택한 삶을 위해서도 반드시 필요한 것들이다.

우리나라가 8강에 들었다고 해서, 또는 과거 16강에 탈락했다고 해서 경기결과에 지나치게 흥분한 나머지 사망한 사람이 하나 둘이 아니다. 승리의 기쁨과 패배의 분노를 감당하지 못해 심장마비로, 음주사고로 많은 사람들이 유명을 달리 했음을 간과해서는 안된다. 승부를 떠나 플레이 자체를 즐기는 지혜가 필요하다.

우리나라 선수가 아닌 다른 나라 선수의 플레이라도 멋지고 환상적일 때는 아낌없는 박수를 보내는 성숙한 시민 의식을 가져야 한다. 승자에게 보내는 찬사보다 패자에게 보내는 위로와 격려를 잊어서는 안 된다. 월드컵에 참가한 모든 선수나 관계자 그리고 개최한 한·일 양국모두 승리자가 되어야 한다.

월드컵은 먼 곳에서 열리는 것이 아니다. 우리들의 가슴속에서 뜨겁게 열리고 있는 것이다. 월드컵을 통해 무한한 가능성을 찾고 우리가 위대한 국민임을 자각해야 한다. 뿐만 아니라 우리의 자랑스러운 조국 대한민국의 위상을 세계 속에 우뚝 세우는 좋은 기회로 삼아야 할 것이다.

2002. 6. 3

 # 월드컵 축구는 인류가 만든 최고의 문화

2002년 FIFA 한 · 일 월드컵이 우리들 가슴속에 환희와 감동을 남긴 채 대단원의 막을 내렸다. 도대체 400g 조금 넘는 축구공이 가지고 있는 마력은 무엇인가, 무엇이 수백만 명을 길거리로 내몰았고, 수십억의 지구촌 가족을 환상적인 열광의 도가니로 몰아넣는지 살펴보고자 한다.

축구는 인간의 기본적 운동 욕구인 차고, 뛰고, 달리며, 던지는 모든 요소를 갖고 있는 스포츠이다. 절묘한 드리블, 강력한 슈팅, 환상적인 패스, 독특한 골 세레머니는 인류가 살아있고 그라운드가 존재하는 한 영원히 지속될 것이다.

월드컵 경기는 다른 경기에서는 찾아볼 수 없는, 맛 볼 수 없는 매력이 숨겨져 있다. 페어플레이 기를 앞장세우고 미래의 꿈이며 희망인 어린이의 손을 잡고 입장하는 모습부터가 예사롭지 않다. 경기 중 선수가 넘어져 쓰러지면 우리 팀이거나 상대 팀이거나를 막론하고 볼을 경기장 밖으로 차 내보내고 선수를 먼저 보호한다.

경기를 재개하는 선수는 그 볼을 상대 진영으로 던져주는 미덕을 발휘하며 아름다움을 더 한다.

다른 경기에서는 찾아볼 수 없는 오프사이드 규정이 있다. 농구나 핸드볼 경기에서는 속공으로 연결해 득점 찬스가 되지만 축구에서는 이런 것을 철저히 규제해 허용하지 않는다. 이는 패싱 게임을 활성화하고 공격축구의 재미를 더하기 위해 앞에 수비수를 놓고 정당하게 공격하라는 뜻이 담겨 있는 것이다.

축구경기에서의 백미는 독특한 골 세레머니 이다. 수만 관중을 압도하는 골 세레머니는 이제 각 선수의 트레이드마크가 되고 있는 실정이다. 통일된 유니폼 속에서도 자신만의 독특한 헤어스타일로 캐릭터를 연출하는 선수들의 패션 또한 볼거리를 제공해 준다.

공은 둥글어 승부를 예측하기가 어렵고, 넓은 경기장에서 11명의 선수들이 엮어내는 다양한 전술, 변화무쌍한 전략, 절대 강자와 절대 약자가 없는 경기가 축구 경기다. 축구는 스피드하고 박진감 넘치며 신체접촉이 강렬한 남성적인 스포츠이다.

축구경기에서 90분 이상 전력을 다해 뛴 선수들이 경기가 끝나면 땀으로 범벅이 된 유니폼을 서로 바꾸어 입는 모습은 위생상의 문제로 비판의 목소리도 있지만 상대방에 대한 인정과 배려인 스포츠맨쉽의 극치로서 보는 사람으로 하여금 진한 감동을 느끼게 하기에 충분하다.

월드컵경기의 경기방식도 매우 독특하다. 어쩌면 신의 장난이라는 말이 어울릴 정도로 절묘한 제도를 도입해 놓고 있다. 예선리그를 진행하며 다양한 경우의 수를 따져보게 하는 것도 월드컵에서만 느껴볼 수 있는 묘미이다. 월드컵 예선경기에서 4팀이 한 조를 이루어 경기결과 2승 1패가 되어도 탈락을 해야 하는 경우가 있으며, 골 득실차로 인해 상대방의 경기 결과에 따라 행운이 엇갈리는 모습은 신의 장난이 아니고서는 도저히 불가능한 일이라고 생각한다.

16강부터 진행되는 토너먼트 경기는 냉혹한 승부의 세계를 적나라하게 보여주는 실례이다. 스포츠의 장면에는 반드시 승자와 패자가 있게 마련이다. 연장전의 골든볼, 승부차기 등 어떻게든 승자를 가려내게 된다. 심판의 엄중한 경고, 냉정한 퇴장 판정에도 억울함을 호소하는 제스처는 있지만 큰 항의 없이 승복하는 선수들의 모습도 놓칠 수 없는 스포츠맨쉽의 한 모습이다.

한·일 월드컵 축구 대회가 우리에게 주는 가장 값진 교훈은 '하면 된다' 는 자신감과 희망을 주었다는 것이다. 월드컵 축구는 인류가 만든 최고의 문화이며 그 속에 인간의 삶의 모습이 담겨 있다. 그래서 사람들은 월드컵 축구에 일희일비하며 열광하고 환호하는 것이다.

2002. 7. 8

 한·일 월드컵이 우리에게 준 교훈

한·일 월드컵에서 사용된 축구공의 이름은 피버노바이다. 피버는 열기를 뜻하고 노바는 짧은 시간 빛을 발하는 별을 의미한다. 피버노바의 축구공 이름 이상으로 지구촌을 뜨겁게 달군 월드컵대회가 성공적으로 막을 내렸다.

특히 아시아의 축구수준으로는 불가능하리라던 월드컵 8강의 벽을 넘어 4강에 진출한 태극전사들이 불꽃 투혼의 위업을 달성하기도 했지만 우리는 월드컵을 통해서 우승 이상의 값진 소득을 얻을 수 있었다. 이번 제17회 한·일 월드컵 대회를 통해서 우리가 얻은 교훈들에 대하여 살펴보기로 한다.

월드컵이 우리에게 남긴 가장 큰 소득은 '하면 된다'는 가능성을 찾아주었다는 것이다. 외신들은 우리나라의 4강 진출을 기적과 이변이라는 시각으로 바라보고 있지만 이러한 결과는 '하면 된다'는 신념으로 땀 흘리며 도전해서 일구어낸 노력의 산물임을 잊어서는 안 된다. 우리민족을 하나로 묶는 역할과 기능을 했다는 것이다.

인류역사상 유례가 없는 수백 만 명의 길거리 응원을 통해서 남북으로 찢기고 동서로 나누어진 한국인을 하나로 묶을 수 있었다. 기성세대들은 신세대들을 '우리'는 모르고 '나'만 아는 세대로 걱정을 해온 것이 사실이다. 하지만 이번 기회를 통해서 그런 걱정을 불식시키는 좋은 기회가 되었고, 남녀노소가 우리는 하나라는 뜨거운 민족혼을 재확인하게 된 점도 빼 놓을 수 없는 수확이다.

세계 속에 한국의 위상을 우뚝 세웠다. 축구열강들과 어깨를 나란히 함은 물론 FIFA랭킹 10위권 내의 국가들은 차례로 '집으로' 돌려보내면서 세계의 눈 중심에 설 수 있었다.

스포츠는 투자에 비례한다는 속설을 다시 한 번 입증시켜주었다. 대한축구협회에서는 월드컵대회를 준비하면서 많은 외화를 투자해가며 우리 정서와는 사뭇 다른 외국인 감독을 영입했다. 비판의 목소리도 컸지만 협회에서는 흔들림 없이 과감하게 투자해 가며 미래에 대비했다.

한·일 월드컵의 또 하나의 소득은 국민들을 체육에 더 큰 관심을 갖게 했다는 점이다. 그동안 체육은 일부전문가나 운동선수들의 몫이라고 치부되어 왔었다. 일반 국민들의 체육에 대한 관심은 곧 건강 증진과 삶의 질 향상이라는 결과로 나타나게 될 것이다. 월드컵은 우리들 가슴속에 영원한 감동과 환희를 남긴 채 아쉬움 속에 대단원 막을 내렸다. 이제 월드컵이 남긴 교훈을 우리 것으로 만드는 일이 과제로 남아있음을 명심해야 한다.

2002. 7. 15

# 히딩크 신드롬 vs 붉은 악마의 전설

월드컵의 뜨거운 열기가 아직도 곳곳에 남아 있는 가운데 우리나라 축구팀이 4강 신화를 일구어 낸지도 벌써 한 달이 지나가고 있다. 세계 축구 변방에 있던 한국의 4강 진출은 분명 꿈을 현실로 만든 쾌거 그 자체였다. 붉은 악마 응원단이 관중석에서 카드로 수놓아 만들었던 '꿈★은 이루어진다'는 문구가 우리국민들에게 감동을 주는 명장면으로 영원히 기억될 것이다.

월드컵의 태풍이 한반도를 휩쓸고 지나간 지금 우리나라에는 히딩크 신드롬이 거세게 일고 있으며 터키와 3, 4위전 때의 약속인 K-리그에서 그 감동을 만끽하고 있다. 스포츠계에서는 말할 것도 없고 경제, 정치인들에게까지 히딩크식의 리더십과 지도방식을 연구하기 위해 애를 쓰고 있다. 그는 자신의 조국으로 떠났지만 한국인들의 가슴속에 영웅으로 남아 있다. 그러나 월드컵이 끝난 후 우리가 간과해서는 안 되는 것이 있다. 그것은 붉은 악마의 역할과 기능이다.

히딩크는 대한 축구협회에서 비싼 외화를 투자해 가며 초빙한 감독이었다. 그는 이미 자신의 조국 네덜란드를 '98 프랑스 월드컵'에서 4강에 진출시켰으며, 유럽의 명문 프로축구팀의 감독을 맡아 명성을 날린 명감독이었다. 따라서 우리나라의 4강 진출은 전혀 새로울 것이 없다고 해도 지나침은 아닐 것이다. 그를 선택한 축구협회의 미래지향적인 안목과 미래를 위한 투자가 더욱 높이 평가받아야 한다고 생각한다. 여기서 히딩크 감독의 능력과 그가 이룬 결과를 폄하하자는 것이 아니다. 그가 우리나라 축구발전과 국가 경쟁력의 이미지를 제고시킨 점은 마땅히 높이 평가받아야 한다. 그리고 히딩크를 통해 우리 것으로 승화시킬 것은 당연히 우리 것으로 만들어 내려는 노력을 기울여야 할 것이다.

그러나 히딩크 신드롬에 비해 상대적으로 붉은 악마의 역할이 축소되고 그들의 노력이 제대로 평가받지 못하고 있는 것 같아 안타까운 마음이다.

붉은 악마, 일찍이 세계적으로도 그 유례를 찾아보기 힘든 길거리 응원의 진수는 세계적인 관심의 대상이다. 우리나라의 4강 진출보다도 수백 만 명 길거리 응원단의 응원이 외신들에게는 더 큰 경이로움이었다. 온통 한반도를 붉은색으로 뒤덮었던 붉은 악마의 기(氣)가 우리나라 4강 진출의 일등공신이라고 필자는 확신하고 있다. 정부나 조직 그리고 특정 단체에서 강제로 동원한 것도 아니고 이처럼 자발적으로 이루어진 응원은 과거 일제하의 독립운동을 연상케 한다. 서슬 퍼렇던 일본 순경들과 그들의 앞잡이의 눈을 피해가며 누가 시킨 것도 아닌데 목숨 받쳐 조국의 독립을 위해 싸웠던 우리 조상들의 모습이 바로 이런 모습이었을 것이다. 대형스9

크린이 마련된 곳이면 장소를 불문하고 붉은 티셔츠를 입고 하나 둘 모여드는 모습, 그리고 '대~한민국'을 외치는 함성소리는 우리의 민족혼을 하나로 묶는 통일의 합창 바로 그것이었다.

월드컵 축구대회가 끝나고 히딩크 감독을 비롯한 코칭스태프와 태극전사들 그리고 대한축구협회의 관계자들이 정부로부터 각종 훈포장을 받으며 피날레를 장식했다. 마땅히 그래야 했다. 그러나 붉은 악마가 함께 시상대에 섰더라면 하는 아쉬움이 너무 컸다. 월드컵 이후 모방송사의 프로그램에서 자비를 털어 가며 붉은 악마를 이끌어 가고 있는 사람들의 모습을 만날 수 있었다. 월드컵 못지않은 감동을 받을 수 있었다.

지구촌에 인류가 존재하는 한 앞으로도 국제적인 스포츠행사는 줄을 이어 이루어질 것이다. 그때마다 히딩크 타령만을 하고 있을 수는 없다. 그러나 그때마다 붉은 악마의 질서정연한 응원은 반드시 필요하다. 우리 조국은 하나이고 동서남북으로 갈리고 찢겨진 우리 민족을 하나로 묶어 세계 최고의 민족과 국가를 건설해야 하기 때문이다.

2002. 9. 2

 # 월드컵 후 일년, 그 감동을 기억하자

　지난해 유월 지구촌을 뜨겁게 달구고, 한반도를 붉은색으로 물들이며 온통 '대~한민국'의 함성으로 수놓았던 감동의 월드컵이 막을 내린 후 한 돌을 맞았다.

　국민적 염원인 월드컵 축구의 첫 승과 16강 진입의 벽을 넘어 모두가 불가능하리라던 4강에 진입한 한국 축구의 저력도 감동을 주기에 충분했고, 더욱이 남과 북, 동과 서로 찢기고 나뉜 강토와 국민을 하나로 묶을 수 있었던 한국혼은 신비와 경이 그 자체였다. 세계인도 놀랐고 우리들 자신도 놀랐던 거대한 사건이었다.

　붉은 악마들이 카드 섹션으로 수놓았던 '꿈★은 이루어진다'는 구호는 어린이와 청소년은 물론 가난한 사람, 불행한 사람, 그늘진 곳에 가려진 사람 등 대한민국 사람 모두에게 희망과 가능성을 심어 주었다.

　2002년 제 17회 한·일 월드컵 축구대회는 초반부터 지난 대회 우승팀 프랑스를 비롯하여 우승후보 팀들이 탈락을 거듭하면서 스포츠에는 영원한 승자도, 영원한 패자도 없다는 지극히 자명한 진리를 입증시켜 주었다. 또한 태극전사들과 붉은 악마는 스포츠가 각본 없는 감동의 드라마라는 말을 확인시켜 주었다.

그동안은 유럽과 남미 등에서만 번갈아 가며 개최되던 월드컵을 한국과 일본이 공동으로 개최하면서 스포츠의 위대함, 축구의 매력을 유감없이 보여준 지구촌의 잊혀 지지 않는 축제의 장을 만들 수 있었다. 세계 속의 한국을 한껏 드높인, 그래서 어느 때보다 한국인임이 자랑스러웠던 꿈과 희망의 향연이었다.

그러나 월드컵이 십년도 아닌 단 일년이 지난 지금 우리의 모습은 너무나 다르게 변해 있다. 마치 다른 나라인 것 같은 착각을 느끼게 된다. 붉은 악마와의 약속인 'CU@K리그'도 잠시 반짝 운동장을 채웠을 뿐 곧 시들해져 월드컵 이전의 모습으로 되돌아갔고, 당장이라도 국민통합을 이룰 것 같던 화합과 단합된 모습도 상호불신과 집단이기주의로 변질되어 여기저기서 분열의 틈새가 감지되고 있어 안타깝기 짝이 없다.

누군가 우리의 국민성을 냄비에 비유했었다. 쉽게 끓고, 쉽게 식는다는 지적이다. 이번 월드컵의 경우를 보면서 어쩌면 맞을 수도 있겠다는 생각에 마음이 무겁다. 물론 상황에 따라서는 빨리 달아오르거나 빨리 잊는 것이 좋을 때도 있을 것이다. 하지만 우리의 국민성이 냄비와 같다면 우리가 빨리 고쳐야 할 일 중의 하나라고 생각한다.

지난해의 월드컵 성공 개최가 우리 국민의 잠재력을 확인시켜준 대회였다면 이제부터는 그 능력을 국민 총화의 에너지로 엮어내면서 정치, 경제, 사회, 문화 등 모든 분야에서 세계 최고를 향해 도전해 가야 할 때인 것이다. 그리하여 모두가 만족하는 초인류 국가를 건설해야 한다. 기회는 자주 오지 않는다. 주어진 기회를 놓치지 말고 잘 활용하는 지혜가 절실히 요구될 때이다.

월드컵의 감동은 우리 모두의 가슴속에 영원히 남아 있다. 역동적인 국민성으로 승화시키면서 끊임없이 미래를 향해, 희망의 꽃을 피워가야 할 것이다.

2003. 6. 9

본프레레 축구대표팀 감독의
퇴출이 주는 교훈

　본프레레 축구 국가대표팀 감독이 결국 '자의반 타의반' 으로 낙마를 하고 말았다. 본프레레 감독은 코엘류 감독의 뒤를 이어 1년 6개월 동안 지휘권을 잡았고, 월드컵 본선의 6회 연속 출전이라는 위업을 달성해 놓고도 계속되는 졸전 끝에 결국 여론과 축구 팬들의 비난 속에 계약기간을 마치지 못하고 중도하차 하는 아픔을 맛보아야 했다. 정말 안타까운 일이 아닐 수 없다.

　한국 축구는 네덜란드 출신의 '거스 히딩크' 라는 걸출한 감독을 만나 2002년 한·일 월드컵을 치르기 전까지는 축구변방으로 분류되는 아시아의 맹주에 불과했다. 그러나 한일 월드컵에서 꿈의 4강에 진출한 이후 경기력이 불쑥 성장하였고, 축구 팬들의 눈 또한 한껏 높아졌으며, 국민적 관심은 더욱 배가되었다.

　어떤 스포츠 종목도, 아무리 뛰어난 출중한 명장이라도 짧은 시간에 효과를 낼 수는 없다. 선수를 파악하고 자신이 추구하는 전술

전략에 맞는 조직력을 갖추기 위해서는 시간이 필요한 것이다. 그러나 대부분의 국민들은 당장 눈에 보이는 결과를 요구한다. 우리나라의 빨리 빨리와 쉽게 흥분하고 쉽게 가라앉는 냄비 근성의 국민성과 무관하지는 않을 것이다. 외국의 언론에서는 한국축구의 감독 자리를 가리켜 '독이 든 성배' 라고 까지 심하게 비판하고 있다.

우리나라 축구는 그동안 많은 외국인 감독을 영입했다. 독일의 크라머 감독을 필두로 비쇼베츠, 히딩크, 코엘류, 본프레레 등이 그들이다. 모두 외국에서는 명장 소리를 듣는 감독들이었다. 그러나 이 중에 계약기간을 채운 감독은 거스 히딩크 한 사람 뿐이다. 히딩크 감독도 초기에는 '오대영' 이라는 별명으로 불리며 퇴출 위기를 맞이하기도 했었다. 여하튼 외국인 감독을 통해 한국 축구의 전술, 경기력을 한 차원 높인 것은 분명하다.

국내 감독들도 성적과 학연 지연 등의 굴레를 벗지 못하고 감독직을 쫓기듯 내놓아야 하는 풍토는 여전했다. 한 감독이 몇 개의 대회를 치른 경우는 지극히 찾아보기 어려웠다. 프랑스 월드컵에서는 차범근 감독을 현지에서 끌어내리기까지 했다. 명장은 타고나기도 하지만 만들어지기도 하는 것이다. 우리나라와 같은 성적 제일 지상주의에서는 뛰어난 선수는 존재할 수 있지만 훌륭한 감독은 탄생하기 어렵다.

감독의 고뇌는 상상과 다르다. 선수의 동작 하나하나에 일희일비 해야 하고, 승부에 대한 부담으로 잠을 이루지 못하는 날이 숱하며, 협회의 간섭은 물론 팬들과 언론의 눈치를 살피지 않을 수 없다. 하루도 편안한 날이 없을 정도로 스트레스 받는 가시방석과 같은 자리이기도 하다. 외국인 감독의 경우는 언어와 문화의 차이 등으로 더욱 심했을 것으로 생각된다.

　축구협회에서는 후임 감독을 물색하고 있다. 능력 있는 감독을 영입하는 것도 중요하지만 감독이 자신의 역량을 충분히 발휘할 수 있도록 환경과 여건을 만들어주는 일에 소홀해서는 안 될 것이다. 이제 월드컵 본선까지는 시간이 많이 남아 있지 않다. 참고 기다려주는 모습이 필요한 때이다.

2005. 8. 31

어게인 2002, 독일 월드컵

2006년 제18회 독일 월드컵의 조 추첨이 끝났다. 우리나라는 유럽의 강호인 프랑스, 스위스 아프리카의 신예 토고와 함께 같은 조에 편성되었다. 이제 본격적인 월드컵이 시작 된 것이다. 그 시작은 정보전에서 출발한다. 우리와 함께 같은 조에 포함된 프랑스의 전력은 세계 최강 중의 하나로 너무나 잘 알려진 팀이며, 스위스는 어느 정도 분석이 가능한 팀이지만 아프리카의 토고는 전혀 전력이 노출되지 않은 베일에 가려진 팀이다.

우리나라 축구 대표 팀은 지난 대회의 영광을 재현하기 위해 담금질을 시작했다. 또 다른 네덜란드 출신의 명장 '아드보카트'를 사령탑으로 해서 한·일 월드컵 당시의 베어백 수석코치와 영원한 주장으로 불리는 홍명보가 코칭스태프에 가담하여 힘을 보탰고, 독일에서 세계를 깜짝 놀라게 할 선수들의 옥석 가리기가 현재 진행 중에 있다. 독일 월드컵에 출전할 선수들은 해외에서 뛰어난 경기력으로 국위를 선양하고 있는 선수들과 국내의 K리그를 지키며 경기력을 쌓아가고 있는 선수들을 총 망라하여 최상의 진용으로 구성될 전망이다.

손자병법에 '지피지기면 백전백승' 이라는 말도 있듯 상대팀에 대한 정확한 정보의 수집과 함께 철저한 전력 분석이 이루어지고 이에 따라 상대팀에 맞는 전술전략이 마련될 것으로 믿는다. 그러나 문제는 항상 내부에 있다. 어떤 팀을 만나도 두려워하지 않고 능히 싸워 이길 수 있다는 자신감과 전체적인 경기력을 향상시키기 위한 노력이 더욱 중요하다. 주지하다시피 축구 경기는 11명이 뛰는 경기이다. 한 두 명의 스타플레이어가 승부에 영향은 미칠 수 있지만 승패를 좌우하지는 못한다. 축구는 후보선수를 비롯한 코칭스태프가 혼연일체가 되어 조직력을 강화하고 전력을 투구해야 하는 경기이다. 따라서 팀워크를 강화하는 일이 어떤 전술전략 보다도 우선되고 팀워크는 정신력에 의해 성패가 좌우된다.

이미 우리는 한·일 월드컵 경기를 통해서 세계 4강의 달콤한 꿀맛을 경험했다. 텃세였다는 일부의 지적에 16강 또는 그 이상의 성적이 요구되는 부담도 있지만 이번 월드컵 경기대회에서는 지나치게 결과에 연연하지 않았으면 좋겠다. 여유를 갖고 진정 세계 최고 축구경기의 진수를 느끼고 맛보는 대회가 되기를 기대한다. 그리고 그 중심에 대한민국의 선수단이 있음을 자랑스러워하고 최선을 다해 한국인의 저력을 보여주는 대회, 스포츠맨쉽을 발휘하여 고귀한 스포츠 정신을 꽃피우는 대회가 되기를 기대한다.

월드컵 축구대회는 인류가 존재하는 한 끊임없이 열릴 것이다. 4년마다 개최된다. 이번 대회의 아쉬움이 있다면 4년 뒤를 기약할 수 있다. 어떤 결과가 나오더라도 98 프랑스대회에서처럼 중간에 감독을 경질하는 사태가 발생해서는 안 된다. 성적이 부진할수록 질타보다는 국민적인 성원과 응원이 필요하다. 반짝하는 결과보다는 우리나라 축구의 수준을 한 단계 더 향상시키는 터전을 마련하는 계기가 되어야 한다. 우수선수의 해외 진출과 함께 K리그를 활성화시키는 방안 강구가 한국축구의 수준을 향상시키는 가장 확실한 지름길임을 명심해야 한다.

지난 4년 전과 같은 붉은 물결이 다시 한 번 뜨거운 용광로로 한반도를 통합하는 기능을 발현하게 되기를 소망한다. 지역과 남녀 그리고 세대를 뛰어넘는 민족의 하나됨이 월드컵을 통해 이루어지길 기대한다. 돌이켜보면 지난 한·일 월드컵대회에서는 붉은 악마가 주도하는 응원이 마치 무서운 해일의 폭풍이나 활화산의 폭발과 같이 끓어올랐지만 냄비와 같이 쉽게 식어 버린 아쉬움이 남는다. 하지만 2006년 독일 월드컵에서의 감동은 오래오래 기억되며 국민 통합이라는 값진 열매를 맺게 되고, 더 나아가 우리민족의 염원인 통일의 초석이 마련되기를 소망해 본다.

2005. 12. 28

올림픽

# 올림픽 관심 '메달에서 人間愛'로

2000 시드니 올림픽에서 연일 인간 승리의 아름다운 모습들이 전해지고 있다. '자연과 인간'을 주제로 한 환경 올림픽답게 대회 진행을 비롯하여 경기장 안팎에서 멋있고 아름다운 이야기들로만 꽃피워져 역사에 영원히 남는 올림픽으로 기록되길 기대해 본다.

스포츠는 우리 인간에게 무엇인가? 무슨 힘으로 수 천, 수만의 사람들을 열광의 도가니로 몰아넣고 저리도 쉽게 분노하고 흥분하게 하는가? 수천만, 수십억의 개체들을 하나로 묶을 수 있는 스포츠 힘의 근원은 무엇인가? 스포츠는 한편의 드라마와 같다고 했다. 감동과 환희가 있기 때문이다.

지구촌 세계인들이 대부분 올림픽기간 내내 밤잠을 설쳐가며 TV 앞에 눈과 귀를 집중하리라 본다. 그리고 자기 나라 선수들의 경기 결과에 일희일비하며 함성과 탄식을 함께 할 것이다.

새 천년부터는 스포츠를 관전하는 태도와 사고를 바꿔보자. 승자만이 대접받는 곳은 전쟁터뿐이어야 한다. 올림픽은 전쟁터가 아니다. 올림픽의 이념은 인류평화의 실현에 있으며 이를 위해 세계의 젊은이들이 한자리에 모여 힘과 기를 겨루는 한마당 잔치이며 축제의 장인 것이다.

승자의 환희 못지않게 최선을 다한 패자에게서 아름다움을 찾아내는 눈을 가져야 한다. 국적에 관계없이 페어플레이를 한 선수에게 박수를 보내고 멋진 동작과 고난도 기술을 구사하는 선수에게 찬사와 성원을 보내야 한다.

스포츠는 정치, 종교, 이념을 초월할 수 있는 몇 안 되는 문화 중 하나다. 내 나라, 내 선수만 아는 소아적인 관념을 버려야 한다. 지난 대회는 메달이 몇 개로 몇 위였고 이번 대회는 금메달 몇 개 획득으로 몇 위를 차지했다는 식의 경제적·등위식 논리는 이제 과감히 버리자. 메달의 수가 그 나라 국민의 행복지수를 나타내는 것도 아닐 뿐 아니라 국민 모두의 체위가 향상되고 체력이 강건해졌음을 의미하는 것은 더욱 아니다.

이제 우리 모두의 관심을 메달에서 인간애로 바꾸어 보자. 앞을 못 보는 시각 장애인의 눈물겨운 투지와 난치병으로부터 자신을 이겨내고 인간한계에 도전하는 강한 의지에서 뜨거운 인간애를 느끼며 이를 삶의 교훈으로 삼자.

스포츠는 행하는 스포츠와 보는 스포츠로 구분된다. 따라서 경기에 직접 참여하는 선수나 보는 사람 모두가 스포츠맨인 것이다. 스포츠맨은 스포츠맨십을 알고 이를 지켜야 한다. 진정한 스포츠맨십은 페어플레이 즉, 정정당당히 최선을 다하는 플레이가 핵심이며 서로의 인격을 존중하고 경기규칙을 준수하는 가운데 심판의 판정에 순응하는 태도를 지녀야 하는 것이다.

스포츠맨쉽을 모두가 생활규범으로 지키며 생활화 할 때 인간성 상실의 시대를 살고 있는 현대인들에게 인간성 회복운동으로 승화돼 올림픽의 이념인 인류평화를 구현하게 될 것이다.

환경 올림픽이라는 시드니 올림픽을 통해 선수와 국민 모두의 가슴에 스포츠맨쉽이 살아 숨쉬기를 간절히 기원한다.

2000. 9. 23

스포츠 정신을 실종한 솔트레이크 올림픽

지난해 미국에서 일어난 9.11 테러 사건 이후 요즘은 솔트레이크 동계올림픽이 지구촌을 뜨겁게 달구고 있다.

고대 그리스 올림픽에서부터 우승자는 국가적 영웅으로 신(神)에 준하는 대접을 받아왔다. 우승자에게 월계관을 씌워주게 된 것은 월계수 나무가 제우스신을 상징하기 때문이고, 그것은 곧 최고를 뜻하기에 나뭇가지 관을 틀어 머리 위에 얹어주게 되었던 것이다.

근대 올림픽에서도 나라마다 차이가 있긴 하지만 선수 개인에게는 명예를, 국가에는 자존심과 경제 효과를 높일 수 있는 계기가 되므로 지구촌의 모든 운동선수들은 올림픽 경기의 출전을 최고의 가치로 생각하며 땀을 흘린다.

지난 2월 17일 미국 솔트레이크에서 TV로 중계된 동계올림픽 쇼트트랙 경기를 보고 우리 국민들은 동계올림픽 경기에 대해 무척 식상해 하고 있다. 수많은 네티즌들의 항의성 글들을 보면 경기 진행을 제대로 하지 못한 심판들의 자질 부족과 주최 측의 횡포에 분노하고 있다.

쇼트트랙 경기는 좁은 공간에서 스피드하게 회전을 해야 하기 때문에 늘 위험 요소가 따르게 마련이다. 따라서 넘어지지 않고 경기를 하는 것도 하나의 기술이다. 하지만 반칙이 성행하는 가운데 남의 불행을 자신의 행운으로 삼아 우승했다는 것은 무언가 석연치 않고, 그것을 묵인한 집행부 역시 올림픽 정신이 무엇인지 모르는 것 같아 매우 안타깝다.

물론 남의 불행이 나의 행복일 수도 있다. 그러나 우승한 선수가 만약 경기 중에 일어난 부정 사건을 이유로 금메달 수여를 거부하고 재경기를 요구했다면 얼마나 아름다운 모습이었을까? 호주 선수가 어부지리로 금메달을 목에 걸고 멋쩍어 하던 모습이 눈에 선해 씁쓸하기만 하다.

억울하지만 심판 판정에 승복한 우리고장 출신의 전명규 감독과 선수들에게 아낌없는 찬사와 격려를 보내며 이들이 솔트레이크 동계올림픽의 진정한 승리자라고 생각한다.

이제 한국은 부산 아시안 게임을 비롯해서 한일 월드컵 등의 국제적 스포츠 행사는 물론 2010년 강원도 평창 동계올림픽이 유치 단계에 와 있다. 따라서 강원도는 이번 솔트레이크 동계올림픽에서의 아름답지 못한 모습들을 거울삼아 심판의 자질을 향상시키고, 올림픽 정신이 과연 무엇인지를 세계만방에 알릴 수 있도록 최선의 노력을 다해야 할 것이다.

2002. 2. 21

 평창 동계올림픽 유치 실패가 주는 교훈

우리는 지난 7월2일 체코의 프라하에서 동계올림픽에 대한 평창의 꿈을 접어야 했다. 꿈을 이루지 못한 아픔은 크지만 올림픽은 현재진행형이며 미래 지향적이기 때문에 또 다른 꿈을 우리에게 남겨 놓고 있다.

먼저 그동안 2010 평창 동계올림픽을 유치하기 위해 동분서주했던 관계자 모든 분들의 노고에 위로와 격려를 보낸다. 뜨거운 성원을 아끼지 않았던 강원도민과 국민 모두의 가슴에 남은 허탈한 심정에도 위로를 드린다.

우리나라는 이미 1988년 서울 올림픽과 2002년 월드컵 대회를 성공적으로 개최하여 세계를 놀라게 한 저력을 지니고 있다. 동계올림픽을 유치하여 세계3대 스포츠대회를 모두 개최한다면 명실상부한 세계적 스포츠 메카로서 선진국의 반열에 오르는 위업을 달성하게 되므로 그동안 국민적 역량을 모아 유치에 총력을 기울여 왔다.

그러나 많은 예산과 시간 그리고 인력을 동원하여 추진했던 평창동계올림픽 유치의 실패는 여러 가지로 시사하는 바가 크다고 생각되어 앞으로 타산지석으로 삼고자 문제점을 지적해 보고자 한다.

첫 번째는 장기적인 준비와 계획 없이 유치전에 뛰어들었다는 점이다. 1차 관문을 통과하기까지 여덟 개의 도시가 신청을 했지만 평창이 가장 늦게 출발을 했다. 물론 국내에서 전북 무주와의 유치 경쟁이 한 원인이기도 하지만 좀 더 기반 시설을 갖춰 놓고, 국제적인 대회를 유치해 치르면서 세계적인 대회 진행의 노하우를 축적하고, 평창에 대한 검증과 이미지를 제고시켰어야 했다고 생각한다.

두 번째는 정보 경쟁에서 실패했다는 점이다. 당초 유치위원회 측에서는 캐나다의 벤쿠버가 1위로 1차 투표를 통과하고, 우리나라가 2위로 결선투표에 오를 것으로 파악하고 3위 표를 흡수하여 최종 과반수 표를 획득한다는 계획을 수립하였던 것으로 알려지고 있다. 그러나 결과는 1차에서 우리나라가 1위로 2차 투표에 올랐고, 2차 투표에서는 1차의 득표를 그대로 받았다. 따라서 3위 잘츠부르크의 표는 한 표도 흡수하지 못한 결과를 초래해 그동안 정보 강국임을 자처해온 우리의 위상에 큰 상처를 남겼다. 정확한 정보의 수집 및 획득과 분석능력이 절실히 요구된다 하겠다.

세 번째는 정부의 늑장 지원이다. 주지하다시피 올림픽의 개최는 국가가 아닌 도시단위로 되어 있다. 그러나 평창은 국내에서조차 널리 알려진 곳이 아니다. 하물며 인지도가 낮은 강원도 평창에서의 유치전은 태생적 한계가 있을 수밖에 없었다. 반면 우리나라는 스포츠 강국으로서의 위상을 국제적으로 높이고 있다. 지난해 월드컵의 성공적 개최로 세계를 놀라게 했던 힘을 모아 범국가적 차원에서 일찍 지원을 했더라면 하는 아쉬움이 크게 남는다. 물론 삼성을 비롯한 세계적 기업에서의 유치 지원도 한발 늦은 감이 있다.

2010년 동계올림픽은 이미 개최지가 결정되었다. 세표 차를 아쉬워하고 안타까워한다고 되돌릴 수는 없는 노릇이다. 이번 유치 과정에서 드러난 문제점을 철저히 분석하고 원점에서 다시 출발하는 자세로 준비하며 힘을 모으면 우리는 더 큰 꿈을 꿀 수 있으며, 더 멋있고 아름다운 꿈을 이룰 수 있게 될 것이다.

2003. 7. 7

이제 정부가 나서야 한다

현재 우리 사회에는 권한을 행사하는 사람은 많아도 책임지는 사람이 없다. 진실이 밝혀졌는데도 끝까지 아니라고 손사래를 치면 그만이다. 이러다 오리발 공화국이 되는 것은 아닐까 두렵다.

2010년 평창 동계올림픽을 유치하기 위해 강원도민이 힘을 합쳤고, 국민적 지지를 바탕으로 유치전에 뛰어들었다. 늦은 출발이었지만 과정은 아름다웠고 결과는 세계를 깜짝 놀라게 하기에 충분했다. 그러나 적전분열로 유치권 획득 일보 앞에서 좌절해야 하는 아픔을 맛보았다.

좌절 뒤의 아픔은 유치실패라는 결과보다 국민적 요구를 저버린 김운용 IOC위원의 행태가 우리를 더 슬프고 분노하게 한다. 김운용 IOC위원은 분명 한국 스포츠의 위상을 국제적으로 높인 인물임에는 누구도 부정하지 않을 것이다. 하지만 이번 2010 평창 동계올림픽 유치에 있어 그가 보여준 행동은 도저히 납득하기 어렵다.

그동안 쌓아온 업적에 큰 상처를 남기기에 충분하다. 평소 존경해온 후배 체육인의 한 사람으로서 정말 안타깝기 짝이 없다.

체육인은 스포츠맨쉽을 행동기준으로 삼고 살아가야 한다. 스포츠맨쉽의 핵심을 정정당당함 즉, 페어플레이 정신에 있다. 하늘과 땅을 우러러 한 점 부끄러움 없어야 한다. 부끄러움이 있다면 진실을 밝히고 사죄해야 하며 당당하게 책임을 질줄 알아야 한다.

이미 김운용 IOC위원은 IOC부위원장을 역임했고, 사마란치 위원장 이후 IOC위원장선거에 출마해 자크 로게 현 위원장과 경합하는 등 그동안 국제올림픽위원회에서 나름대로의 위상과 위치를 확보하고 있는 국제적인 인물이기도 하다. 그러나 자신의 욕심이 국가적 대사를 그르치고, 민족적 염원을 외면하는 동기가 되었다면 모든 공직에서 물러나는 것이 체육인의 마지막 자존심이라고 생각한다. 그동안 한국체육을 이끌었던 노 지도자의 마지막이 더 이상 추해지지 않기를 간절히 소망해 본다.

자신의 행동에 책임 질줄 아는 풍토를 조성하는데 기여함으로서 체육계에 그의 마지막 몫을 다해주기 바란다. 두 손으로 하늘을 가리고 자기를 합리화시키는 비겁함보다는 부끄러움을 인정할 줄 아는 진정한 용기가 강원도민과 민족 앞에 사죄하는 유일한 방법임을 강조한다.

강원도민의 아픔과 국민적 아쉬움이 가중되고 있는 가운데 전라북도 무주군민들이 2014년 동계올림픽 유치권을 주장하고 있어 또 다른 사회문제로 비화되고 있다. 내용인즉, KOC가 2010 동계올림픽 유치신청을 한 평창과 무주를 대책도 없이 공동개최로 결정하자 평창이 단독 유치권을 확보하는 과정에서 작성된 강원도와 전라북도의 합의서가 문제의 발단이다. 2010 동계올림픽 유치에서 평창이 유치에 실패하고, 무주가 올림픽 개최에 따른 IOC의 공식 시설 기준을 충족할 때는 다음 유치권은 무주가 갖는다는 약속 때문이다.

그러나 올림픽 유치가 마을 운동회나 동네 친목계 행사와 같은 것이 아니다. 이미 평창은 탈락의 고배를 들었지만 국제적으로 위상을 높여 IOC위원들에게 차기 대회 유치에 대한 인식을 각인시켜 놓았고, 무엇보다 분단도가 갖는 평화의 상징성 관계로 올림픽 유치에 한발 더 가까이 다가서 있으며, 특히 지리적 위치와 기후가 무주와는 비교의 대상이 아니다. 우리 지역의 발전이라는 좁은 관점에서의 근시안적 입장보다는 국가, 민족의 장래라는 보다 큰 틀에서 접근해야 할 것이다.

이미 평창은 동계올림픽 유치에 따른 준비와 계획을 완벽하게 마련해 놓고 있으며 체코 프라하의 IOC 총회에서의 프레젠테이션을 통해 세계적인 감동을 자아내 다음 대회 유치 경쟁에서 세계 어느 도시보다 유리한 입장에 있음은 삼척동자도 다 아는 사실이다. 서로의 입장이 맞물려 있는 평창과 무주의 문제는 이제 두 도시만의 문제가 아니다. 소모적 경쟁은 국익에 결코 도움이 되지 못한다. 따라서 이제 정부가 나서야 한다. 올림픽의 유치는 국가가 아닌 도시 단위의 개최지만 국민적 합의를 도출해 범국가적인 차원에서 2014년 동계 올림픽 유치활동을 전개해야 두 번 실패하는 우를 범하지 않을 것이다.

우리는 어려울 때 힘을 합치고 지혜를 모아 역경을 이겨낸 자랑스러운 역사를 지닌 민족이다. 지난해 월드컵 때 온 국민이 지역과

종교와 세대를 넘어 다함께 외쳤던 붉은 함성이 다시 절실히 요구
되는 때이다.

2003. 7. 12

# 신과 인간의 만남, 아테네 올림픽

고대 올림픽의 발상지이자 쿠베르탱에 의해 근대 올림픽이 부활된 그리스 아테네에서 인류평화와 화합을 다짐하는 제28회 하계올림픽의 성화가 밝혀졌다.

올림픽 경기는 세계의 젊은이들이 한자리에 모여 힘과 기를 겨루는 한마당 축제의 잔치다. 힘과 기를 겨루는 바탕에는 인간 한계에의 강인한 도전 정신이 담겨 있게 마련이다. 인간의 한계를 뛰어넘는다는 것은 곧 신의 세계에 도달한다는 것을 의미한다. 고대 올림픽에서 승자에게 신을 상징하는 월계수나뭇가지를 틀어서 만든 월계관을 씌워주는 것은 경기의 우승자는 곧 신과 같다는 의미에서였다.

유사 이래 인류는 끊임없이 신의 세계에 도전해 왔다. 운동 경기뿐만 아니라 인간 생명의 연장, 우주의 탐구, 유전공학의 게놈 연구 등 모든 분야에서 신에 대한 도전의 영역을 넓혀 왔다.

신들은 자신들의 영역을 지키기 위해 끔찍한 질병과 자연재해를 통해 우리 인간들을 응징해 오곤 했다. 인간은 언제나 만물의 영장이라며 큰소리 쳐 왔지만 신이라는 거대한 존재 앞에서만큼은 한없이 작아지고 위축될 수밖에 없는 나약한 존재이다. 아테네 올림픽을 통해서 신과 인간이 공존하는 아름다운 문화가 만들어지기를 소망해본다.

신과 함께 하는 아테네 올림픽에서 보다 많은 신기록이 수립되고, 아름다운 인간승리의 사연이 많이 알려져 더 큰 감동으로 우리에게 꿈과 희망을 주며, 참가한 선수들이 스포츠 정신을 지킴으로써 경기 결과에 관계없이 모두 승리자가 되어 올림픽의 진정한 가치가 실현될 수 있게 되기를 희망해 본다.

2004. 8. 16

스포츠 정신과 올림픽 축구경기

우리나라와는 7시간의 시차가 나는 신화의 나라 그리스 아테네에서 올림픽이 열리고 있어 많은 분들이 밤잠을 설쳐가며 스포츠의 진면목을 만끽하고 있다. 28개 종목에 걸쳐 202개 나라 만 6천여 명의 젊은이들이 자국의 명예를 걸고 최선을 다해 힘과 기를 겨루고, 인종과 사상 그리고 종교를 뛰어 넘으며 인류평화와 화합을 위한 우의를 다지고 있다.

근대 올림픽의 부활을 제창한 프랑스의 쿠베르탱은 '올림픽 경기는 이기는데 있는 것이 아니라 참가하는데 의의가 있다' 고 주장했다. 스포츠 정신을 강조한 대목이다. 하지만 인간 승리의 아름다운 틈새를 상업주의가 파고들더니 어느새 승리 지상 제일주의가 올림픽 정신을 퇴색시키고 있어 안타깝다.

28개 종목 중 우리나라 국민들의 관심은 단연 축구경기에 쏠려 있다. 지난 2002년 월드컵에서 4강의 신화를 이루었으나 올림픽 본선에는 꾸준히 참가하면서도 예선 리그를 통과해 8강에 진출해 보지 못한 그동안의 결과 때문이기도 하다. 이번 올림픽 축구선수들은 국민적 관심과 응원에 부응이라도 하듯 8강에 진출하는 쾌거를 이루었다. 하지만 선수단이 보여준 플레이는 국민적 요구에는 부응되었을지 모르지만 스포츠 정신에는 크게 어긋나는 실망스런 플레이였음을 지적하지 않을 수 없다.

올림픽의 축구경기는 대륙별 지역예선을 거친 16개 팀이 4팀씩 4개조로 나뉘어 예선경기를 하고, 조별 1, 2위 팀이 8강에 진출하여 토너먼트로 최종 승자를 가리는 경기 방식을 채택하고 있다. 지난 18일 새벽 우리나라는 아프리카의 말리와 최종 예선 경기를 치렀다. 같은 시간 같은 조인 멕시코와 그리스도 경기를 진행했다. 네 팀의 경기결과에 따라 결승 토너먼트에 오르는 팀이 가려지게 되어 있었고, 우리나라와 말리는 비기기만 해도 두 팀이 8강에 진출할 수 있었다. 우리나라는 3골이나 뒤지고 있는 상황 속에서 투혼을 발휘하며 3골을 만회하여 동점을 이루었다. 정말 멋진 플레이였다.

그러나 문제는 이때부터였다. 양 팀은 자칫 탈락할 수도 있다는 부담스러움과 8강전에서의 전력에 대비라도 하듯 느슨한 플레이로 성의 없는 경기를 진행하며 시간 보내기로 일관하여 밤잠을 미루고 응원을 한 국민들에게 엄청난 실망감을 남겼다. 물론 우리나라의 축구선수단이 8강에 진출하고 4강의 성적과 함께 메달을 획득하기를 국민들은 간절히 기원하고 있다. 그러나 더 크게 바라는 것은 우리의 선수단이 최선의 실력을 발휘하여 멋진 플레이를 하는 모습일 것이다.

스포츠의 세계에는 승자와 패자가 공존하게 마련이다. 그러나 승자라고 모두 아름다운 것은 아니며 패자라고 모두 불행한 것 또한 아니다. 승자는 물론 패자도 아름다울 때 진정한 스포츠의 의미를 찾을 수 있으며 모두가 승리자가 될 수 있다. 국민들은 당당한 성적을 원하지 부끄러운 메달에는 결코 찬사를 보내지 않을 것이다.

올림픽 경기는 현장의 모습을 그대로 대중매체를 통해 전 세계에 실시간 중계하고 있다. 이번 올림픽 경기에 출전한 우리 선수단의 떳떳하고 당당한 모습이 지구촌에 널리 알려지게 되기 바라며, 국민들에게 희망과 활력을 불어넣어 주게 되기를 기대한다.

2004. 8. 23

 # 태권도, 올림픽 종목 재선정과 향후과제

지난주 싱가포르 IOC 총회에서 우리나라의 국기인 태권도가 우여곡절 끝에 올림픽 정식 종목으로 계속 남게 되었다. 물론 2012년의 런던 올림픽까지 한시적이기는 하지만 이번의 결정으로 2000년의 시드니 올림픽에서 정식종목으로 채택된 후 4개 대회 연속으로 실시하게 되어 그 위상을 한껏 높이고 영구 종목으로의 가능성을 열어 놓아 체육인의 한 사람으로서, 대한민국 국민의 한 사람으로서 가슴 뿌듯함을 느낀다.

주지하다시피 지구상에 존재하는 수많은 스포츠 종목은 일부를 제외하고 대부분이 영어로 용어가 통일되어 있다. 하지만 태권도 경기는 모든 용어가 우리말로 되어 있어서 우리 국민들에게 긍지를 높여준 종목이다.

태권도가 올림픽 정식 종목에서 퇴출 위기까지 간 배경에는 여러 요인이 있다. 우선 경기가 재미없고, 심판의 판정이 모호하며, 올림픽 경기에 투기 종목이 지나치게 많이 선정되어 있는데다가

중국의 우슈, 일본의 가라데 등이 정식종목이 되기 위해 물밑 작업을 전개한 것이 직접적인 배경이었다.

그러나 무엇보다도 결정적인 것은 태권도의 정식종목에 크게 기여했으며, 국제 올림픽위원회에서 일정부분 영향력을 발휘해 왔던 김운용 IOC부위원장의 부정과 IOC위원 사퇴에 따른 여파가 간접적인 요인이 되었음을 부정할 수는 없을 것이다. 세계적으로 스포츠계의 한 시대를 풍미했던 김운용위원의 몰락을 보면서 도덕성과 스포츠 정신의 중요성을 새삼 확인하게 된다.

정부와 대한체육회 등 체육인 모두가 대동단결하여 태권도가 올림픽 정식 종목 탈락의 위기를 극복할 수 있었다. 하지만 이번 IOC위원들의 종목 선정 결과에 만족할 여유가 없다. 왜냐하면 올림픽은 앞으로도 계속 진행되기 때문이며, 우슈, 가라데 등의 쉼 없는 도전으로 언제든지 다시 퇴출의 위기를 맞을 수 있기 때문이다. 이번 총회에서 야구와 소프트볼 등이 정식종목에서 퇴출 된 것을 타산지석으로 삼아야 할 것이다.

따라서 태권도가 퇴출 대상으로 선정된 이유와 요인을 잘 분석하여 이에 능동적으로 대처하며 새로운 개선책을 개발해야 한다. 복싱, 유도, 레슬링 등 다른 투기 종목과의 차별화를 위한 연구와 노력이 지속되어야 한다. 이를 위해서는 더욱 다양한 기술을 개발하고 경기 규정을 시대 흐름에 맞게 개정해야 할 것이다. 태권도인의 단합도 요구된다. 그동안 불협화음으로 비춰졌던 협회의 이전투구 하는 모습은 앞으로 결코 있어서는 안 될 일이다.

태권도는 이미 오래 전에 전 세계에 널리 보급이 되어 있었다. 그러나 이에 안주해서는 안 된다. 보다 체계적으로 더 많은 나라,

더 많은 사람들에게 보급하려는 노력을 지속적으로 기울여야 하며 국기로서의 국내 태권도 인구 저변 확대를 위한 노력에도 소홀함이 있어서는 안 될 것이다.

정상을 차지하는 것보다 정상을 지키는 것이 더 어렵다는 말이 있다. 국민적인 관심과 성원이 올림픽에서 정식종목을 유지시키는 힘의 원천이 될 것이다. 태권도가 2012년 올림픽에 재선정된 여세를 몰아 2014 동계올림픽이 평창에서 유치되기를 강력하게 희망해 본다.

2005. 7. 13

엘리트 체육

과감한 투자 道체육 살린다

말도 많고 탈도 많았던 제82회 전국체육대회가 막을 내렸다. 우리 강원도 선수단은 1,376명이 향토의 명예를 걸고 출전하여 선전했으나 지난해보다 두 단계 떨어진 9위의 성적을 거두고 돌아왔다.

많은 분들이 강원체육의 낙후를 걱정하고 있다. 이런 차원에서 모 일간지에서「강원체육의 발전 방향 좌담회」를 개최하고 다양한 대책을 협의하였으며 그 내용이 기사화 되었다. 체육의 행정가들과 전문가들이 모여 심도 있는 협의를 하고 대안을 제시하였다. 많은 부분이 강원체육의 문제점들을 날카롭게 지적하고 현실적인 개선을 제시하였으나 안타까운 인식의 차이가 일부 있음을 발견하게 되었다.

학교 체육의 저변확대가 절실하다는 지적에는 공감하지만, 우수 선수 출신을 특별히 일선체육교사로 배치해야한다는 요구에는 문제가 있음을 제기하고자 한다. 그것은 곧 체육교사와 코치를 구분하지 못하는 발상에서 제안되었기 때문이다.

체육교사는 학교 교육과정에서 학생들에게 건강을 증진시켜주고 평생체육의 기틀을 마련해주어 삶을 윤택하고 건강하게 살아갈 수 있도록 가르치는 선생님이다. 코치는 엘리트 체육 선수들에게 전문적인 기술을 가르치고 경기력을 향상시키는 책임을 갖는 전문가이다.

체육교사가 일선학교에서 선수지도에만 전념한다면 일반학생들의 체육은 어떻게 될 것이며 일선 체육지도자들의 설자리는 어디인가. 일반 체육교사가 팀을 맡고 전문적인 식견이나 기능이 없는 것과 경기력이 떨어지는 것과의 상관관계는 무엇인가. 오히려 필자가 현장에서 이십여 년 간 지도해 본 식견에 의하면 감독교사의 경력이나 경험보다도 열정과 노력의 차이가 더 큰 영향을 미친다고 생각한다.

가뜩이나 제7차 교육과정의 시행에 따라 체육의 수업 시수가 줄어들고 학생들에 교과 선택권이 주어지는 상황 속에서 체육교사들이 엘리트 체육에 전념하게 될 때의 체육의 위상은 어떻게 될 것인가 심각하게 생각해 봐야 한다.

학교 체육이 발전해야한다는 대전제는 누구도 부정할 수 없는 진리이다. 하지만 모든 학생들의 체위가 향상되고 체력이 증진되어야 하는 바탕 위에서 학교 체육이 발전해야 하는 것이지 일부 엘리트 체육의 경기력 향상만을 전제로 하는 것은 아니라는 생각이다.

과거 체육의 강국이었던 동독이나 소련의 국민들의 평균수명이 연장되었으며 경제적으로나 사회·문화적으로 얼마나 풍요로웠는지에 대한 답은 역설적으로 쉽게 찾을 수 있다. 따라서 엘리트 체

육과 함께 국민 모두의 평생체육이 균형 있게 발전할 수 있는 대
안이 모색되어야 한다.

훌륭한 선수를 육성하는 체육교사를 확보하려는 생각보다 훌륭
한 체육지도자를 양성하려는 노력과 투자가 절실하다고 믿는다. 체
육교사는 학교 현장에서 다양한 수업 프로그램을 개발하여 학생들
이 흥미 있게 체육에 참여 할 수 있도록 하는 노력을 기울이는 교
사가 훌륭한 교사로 평가받고 대접받는 풍토가 조성되어야 한다.

끝으로 강원도 9위가 도세로 볼 때 결코 체육의 낙후를 대변하
지는 않는다고 생각한다. 당장의 결과에만 연연할 것이 아니라 보
다 멀리 앞을 내다보며 장기적인 계획을 수립하고 과감하게 투자
할 때 엘리트 체육과 학교체육, 그리고 생활체육 모두가 만족할 만
한 발전을 거듭할 수 있을 것이라고 확신한다.

2001. 11. 5

선수 이적 교육감 동의 필요하다

2002년 강원도 소년체육대회가 횡성군일원에서 성공적으로 개최되고 대단원의 막을 내렸다. 지난해 강원도민체육대회에 이어 군단위에서는 처음 개최된 체육대회였지만 선수들의 열기는 어느 때보다 뜨거웠으며 경기력도 크게 향상되었다.

어린 선수들의 땀과 지도자의 열정, 학교와 학부모의 아낌없는 지원이 한층 성숙된 경기력을 발휘케 하는 원동력이었음은 주지의 사실이다. 그러나 벤치에서 자신이 지도한 선수의 경기 모습을 지켜보고 격려와 독려를 외쳐대며 승리를 일구어내기 위해 안간힘을 쏟고 있는 체육교사들과 지도자의 모습이 예년과는 달리 아름다움을 넘어 애처롭게만 느껴진다.

그것은 2002년 3월부터 국무총리실 산하 정부 규제개혁위원회에서 운동선수들의 기본권 제한을 이유로 선수선발 및 등록에 관한 일반지침에 대하여 개정토록 했고, 이에 산하단체인 대한체육회에서는 체육특기자의 타·시도 전·입학 시 전 소속 교육감의 동의 필요 조항을 삭제했기 때문이다.

규제개혁위원회의 이번 조치는 대도시를 제외한 일선체육교사와 지도자들에게서 이런 소박한 희망을 빼앗아 가버렸다. 종전의 철저한 선수관리 규제 속에서도 서울을 비롯한 대도시에서 온간 편법과 교묘한 수단을 동원해 우수 선수를 곶감 빼 먹듯 빼앗아 가는 일이 횡횡 했었는데 이제 규제가 풀리고 나면 보다 유리한 시설·여건과 경제적인 능력을 무기로 선수를 강탈해 갈 것임은 불을 보듯 뻔 한 일이다.

올림픽의 성공적인 개최와 한·일월드컵개최 등을 통해 한국은 스포츠 강국으로 그 위상을 우뚝 세웠다. 그러나 그 저변에는 열악한 환경과 시설, 투자를 극복하고 오직 선수 지도에만 혼신의 정열을 쏟아 부은 지도자가 있었음을 간과해서는 안 된다.

따라서 이들에게 용기와 격려를 외면한 채 꿈과 희망을 빼앗아 간다는 것은 어떤 이유로도 납득하기 어렵다. 물론 풀 것은 풀어야 한다. 하지만 무조건 푸는 것만이 만병통치일 수는 없다.

이번 조치를 보면서 관계 요로에 더욱 강화된 선수 관리 및 규제 지침이 유지되도록 하는 노력을 기울이는 한편, 도차원의 아낌없는 체육시설 투자와 과감한 예산확보 등을 통해 지도자와 선수의 사기를 높여 주는 일만이 유일한 대안임을 밝혀둔다.

계속해서 체육교사들과 지도자의 열정이 학교와 경기장 곳곳에서 살아 숨쉴 수 있게 되기를 기대해 본다.

2002. 4. 29

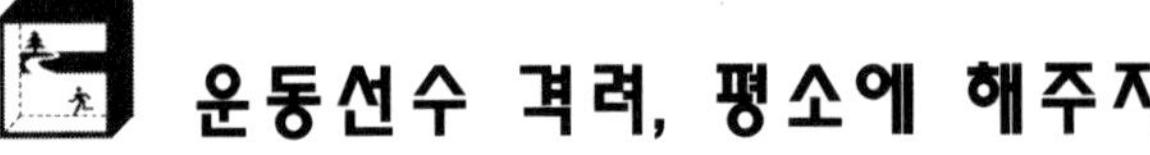

운동선수 격려, 평소에 해주자

지난주 제주도에서는 제83회 전국체육대회가 개최되었다. 월드컵과 아시안게임 관계로 11월로 미루어 개최되었지만 향토의 명예를 건 열기만큼은 어느 대회 못지않게 뜨거웠다. 강원도는 한자리수 등위를 위해 혼신의 노력을 다했지만 도민의 기대에 미치지는 못했다.

강원도의 도세로 보면 결코 낙담하거나 실망할 필요가 없다. 열악한 조건 속에서도 선수들은 최선을 다했고, 우리에게 필요한 것이 무엇인가를 확인할 수 있었던 것이 큰 소득이다.

우리고장에서도 역도, 복싱, 펜싱, 사이클 등의 종목에 강원도 대표로 출전해 발군의 기량으로 향토의 명예를 드높이고 돌아왔다. 선수와 지도자 모두에게 아낌없는 찬사와 격려를 보낸다.

보도에 의하면 전국체육대회가 개최되는 제주도 현장에 군수를 비롯한 군의회 의원님들께서 직접 현지에서 응원과 격려를 해주어 선수단의 사기를 높여준 것으로 알려지고 있다. 군대와 운동선수는

사기를 먹고사는 존재이다. 바쁘신 일과 중에도 향토선수들을 격려
해 주시기 위해 시간을 내주신 분들께 거듭 감사를 드린다.

하지만 열악한 환경과 조건 속에서 오직 기록과 경기력 향상이
라는 목표를 향해 말없이 자신과 싸우며 구슬땀을 흘리는 선수들
에게는 대회장에서의 격려와 칭찬보다는 평소 훈련 시간에 격려해
주는 성원은 그 영향력이라는 면에서 두 배로 크다는 사실을 기억
해야 할 것이다.

우리고장에서 육성되는 종목은 역도, 복싱, 사이클 등 지구력과
인내를 요구하는 종목들로 구성되어 있다. 추운 겨울날, 무더운 여
름날 날씨와 자신의 한계와 외롭게 싸우며 운동하는 선수들에게
격려와 응원 그리고 지원을 해 준다면 선수들은 사기가 더욱 높아
지고 신바람나게 운동에 전념할 수 있을 것이다.

그러나 불행하게도 필자가 운동부 감독을 맡았던 시절을 돌이켜
보면 선수들의 훈련장에는 평소에 찾아주는 분들이 그리 많지 않
았던 것으로 기억하고 있다.

선수들이 처음 보는 사람들로부터 생소한 격려와 응원을 받는
것 보다 늘 가까이에서 자주 보던 분으로부터 응원과 격려를 받을
수 있다면 분명 자신의 능력이상으로 경기력을 발휘할 수 있을 것
이다.

이번 체전을 계기로 해서 우리 고장에서 육성되는 선수들에게
보다 많은 관심과 지원 그리고 칭찬과 격려가 이루어지길 기대하
고, 평소 훈련과정에서의 격려와 대회현장에서의 격려가 균형을 이
루면서 선수들의 사기를 높여주는 방안이 강구되기를 희망해 본다.

뿐만 아니라 학교체육은 사회체육의 근간이다. 우리고장 체육의

내일이기도 하다. 하지만 학교체육은 늘 예산 부족으로 어려움을 겪고 있다. 뜻있는 독지가의 적극적인 협조와 지원이 이루어져 선수들의 사기가 한층 더 높아지길 강력히 희망해 본다.

2002. 11. 18

소년체전 3위 '강원도의 힘'

제33회 전국소년체육대회에서 강원도 선수단이 3위를 차지하는 쾌거를 이룩하고 돌아왔다. 열악한 여건 속에서 모교와 향토의 명예를 빛내고 돌아온 어린 선수단과 선생님들에게 찬사와 격려를 보낸다.

학생수나 시설, 예산 어느 것 하나 3위권에 들 수 있는 조건을 갖추지 못한 상황 속에서 오직 어린 선수들의 하면 된다는 믿음과 땀, 학부모님과 선생님들의 열정, 그리고 도교육청의 체계적인 지원이 만들어낸 결과의 산물이어서 그 가치는 더욱 크고 감동적일 수밖에 없다.

2003년 제17회 한·일 월드컵 대회에서 한국 축구가 4강의 위업을 달성하자 국내는 물론이고 외신들도 대부분 기적이라는 표현을 썼다. 하지만 저절로 만들어지는 기적은 없다. 기적 뒤에는 땀과 눈물, 열정과 희생이 있었음을 간과해서는 안 된다.

이번 제33회 전국소년체육대회에서의 쾌거도 기적과 같은 장한 일임이 분명하다. 이번 성과는 강원도와 2014년 동계 올림픽 유치 경쟁을 벌이고 있는 전라북도에서 개최된 대회였다는 점에서도 나름의 의미를 부여할 수 있을 것이다.

이제 어린 선수들이 만들어낸 '하면 된다' 는 가능성을 바탕으로 어른들이 '강원도의 힘' 을 발휘해야 할 때이다. 전 도민이 힘을 모아 2014년 평창 동계올림픽의 유치를 비롯해서 태권도 공원의 유치 등 지역현안과 관련한 굵직굵직한 문제들을 해결해 나가는 계기로 삼아야 할 것이다. 그리고 무엇보다 중요한 것은 삶의 질을 향상시켜 윤택하고 풍요로운 세상을 만들어 가는 일이다.

국회의원 선거에서 뜨겁게 달아올랐던 2014년 평창 동계올림픽 이슈가 갑자기 휴면기를 맞고 있는 듯하다. 어차피 우리 강원도와 피할 수 없는 한판 승부를 겨뤄야 할 전북은 지금 분위기를 한껏 고조 시키고 있다. 곳곳에 현수막과 아치를 설치하고 도민의 힘을 하나로 모아가고 있는 모습이 감지되고 있다. 임박해서 힘과 지혜를 모으는 방법보다 평소에 도민의 힘을 하나로 모으고, 유치 당위성에 대한 논리적 설득력을 바탕으로 '강원도 유치' 라는 전 국민적 공감대를 형성해 가는 빈틈없는 준비만이 2014년 동계올림픽 유치의 가능성을 높이게 될 것이다.

태권도 공원 위치 선정도 금년 내에 결정한다는 정부 방침이 있었고 춘천시, 원주시, 강릉시 등 강원도의 일부 자치단체에서 신청을 했지만 경쟁 상대인 타시도의 지방자치단체에 비해서 유치 노력이 부족하다는 생각이다. 이왕 유치키로 결정했다면 모든 역량을 총동원해서 유치되도록 하는데 전력을 기울여야 할 것이다. 곳곳에서 소년체전의 쾌거를 바탕으로 하나 되는 '강원도민의 힘' 이 분출

되기를 기대해 본다.

존 로크는 '건강한 신체에 건전한 정신이 깃든다' 고 말했다. 선수들의 경기력 향상을 일반 학생들의 체력강화로 연계해 나가야 한다. 학생들이 학업에 전념하기 위해서는 무엇보다 체력이 뒷받침된 건강한 신체가 유지 되어야 한다. 학력 면에서도 전국에서 상위권의 성적을 유지할 수 있도록 체력과 함께 향상시켜 나가는 계기가 되어야 할 것이다.

소년체전에서의 메달 순위만큼 삶의 질을 향상시키기 위해서는 무엇보다 건강이 뒷받침되어야 함은 주지의 사실이다. 엘리트 체육의 발전과 함께 일반 학생들의 체격 향상과 체력증진은 학교 체육교육의 튼튼한 기반 위에서만 가능하다. 학교 체육과 엘리트 체육이 균형을 이루면서 발전 할 때 체육이 한 단계 더 업그레이드 될 것은 자명하다. 그러나 제7차 교육과정에서 체육수업은 시수가 줄어들고 교사들은 설 자리가 더욱 좁아지고 있다. 따라서 제7차 교육과정에서 체육교육을 더욱 강화시킬 수 있는 방안이 도교육청은 물론 학교 단위별로 강구되어야 할 것이다.

일각에서 소년체전의 존폐여부나 경기 운영방법의 개선에 대해 거론되고 있다. 어린이들의 한마당 잔치인 소년체육대회가 더 큰 꿈과 희망을 줄 수 있는 대회로 거듭 나게 되기를 기대한다. 그리고 제33회 소년체육대회의 3위라는 좋은 결과가 일과성이 아닌 지속적으로 유지될 수 있도록 범도민적으로 더 큰 관심과 지원이 이루어지고, 강원도민 모두가 삶의 활력을 찾는 에너지원으로 승화시켜 나갔으면 하는 바람을 가져본다.

2004. 6. 7

# 유로 2004, 축구의 변방 그리스 우승이 주는 교훈

신화의 나라 그리스가 「유로 2004 축구」에서 홈팀인 포르투갈을 1 : 0으로 제압하고 우승하여 열광의 도가니에 빠져 있다. 그리스는 세계축구연맹이 매월 발표하는 순위에서 22위인 우리나라보다 한참 뒤인 35위에 머물고 있어 세계 축구 판도를 좌우하는 유럽에서 축구의 변방으로 취급되던 처지라 그들의 우승은 자국민들뿐만 아니라 지구촌의 세계인들에게 신선한 충격을 주기에 충분하다.

특히 그리스에는 세계적으로 명성을 날리는 스타플레이어가 전무한 상태에서 특정선수에게 의존하지 않고, 11명의 선수 전원이 힘을 합쳐 탄탄한 조직력으로 일궈낸 결실이라는 점에서 시사하는 바가 크다고 할 수 있다. 우리나라 모 기업의 모토 중에 '천재 한 명이 백 명의 국민을 먹여 살린다'는 말이 있다. 긍정적인 면에서 또 기업의 측면에서 보면 나무랄 데 없는 훌륭한 구호 이다. 하지만 특정인 몇 명이 다수의 국민을 먹여 살리는 방법이 결코 바람직한 것은 아닐 것이다. 국민 모두가 스스로의 힘과 능력으로 먹고 살 때 국력은 더욱 신장될 수 있기 때문이다. 이번 그리스의 우승 또한 이런 맥락에서 접근해 볼 필요가 있다.

많은 이들은 독일 출신 「오토 레하겔」감독의 탁월한 수비 전술과 ‘하나는 전체를 위해 있고, 전체는 하나를 위해 존재 한다’ 는 모토를 추구하는 전략에서 우승의 원인을 찾고 있다. 당연한 지적일 수 있다. 하지만 더 큰 원동력은 ‘우리도 해 낼 수 있다’ 는 선수단 모두의 자신감이 가장 큰 요인이라고 생각한다.

축구공은 둥글다. 둥근 공은 모든 팀에게 공평한 승리의 기회가 주어지게 마련이다. 객관적인 전력이 앞서있다고 해서 반드시 이기는 것이 아니며, 전력이 떨어진다고 해서 상대팀을 이길 수 없다는 논리는 어디에도 존재하지 않는다. 어느 팀이든지 최선을 다하는 팀에게 승리의 가능성이 더 높다는 점을 기억해야 한다. 축구대회가 아닌 가정, 직장, 사회생활에서도 마찬가지이다. 다소 조건이 열악하거나 불리하다고 해서 쉽게 포기해서는 안 된다. 최선을 다하는 사람에게 언제나 성공의 기회는 더 가까이 있다는 점을 명심해야 할 것이다.

전통의 강호와 우승 후보 팀들을 차례로 물리치고 정상에서 축배를 든 그리스 팀의 우승에 대하여 세인들은 이변이라고 말한다. 그러나 이변이라는 말은 한 두게임의 결과를 두고 할 수 있는 말이지 다섯 게임 이상의 경기에서 나타난 결과를 두고 할 수 있는 말은 분명 아니다. 그리스 선수단이 일궈낸 우승은 남들이 모르는 땀과 눈물겨운 노력 그리고 뜨거운 열정이 있었기에 가능했던 결과의 산물임을 기억해야 한다.

　그리스 축구선수단의 우승을 먼 남의 나라 일로 치부하고 일과성으로 지켜보기만 할 것이 아니라 그들의 노력과 결과를 우리들의 삶의 지혜로 승화시켜나갈 수 있게 되기를 기대한다. 스포츠는 곧 삶이기 때문이다.

2004. 7. 12

 # 성적 지상주의가 키운 체육계 폭력

　지구촌을 뜨겁게 달구었던 아테네 올림픽의 열기가 식어가면서 역사의 뒤안길로 묻혀 가고 있다. 그러나 108년만의 귀향으로 올림픽의 새로운 장을 연 아테네 올림픽은 신과 인간의 공존과 함께 스포츠 세계에 대한 재조명 등 많은 과제를 남겼다. 우리나라는 메달순위 9위로 2002년 월드컵 축구대회 4강에 이어 스포츠 강국으로서의 위상을 다시 한 번 확인한 대회였다.

　얼마 전 프로야구선수들의 병역비리 사건으로 떠들썩하더니 대학축구선수들의 부정입학문제가 도마에 올랐고 급기야는 세계최강을 자랑하는 여자 쇼트트랙 국가대표 선수들에 대한 지도자들의 폭행과 함께 비인간적 지도방식이 폭로돼 충격을 던져주고 있다. 성적제일지상주의가 빚어낸 결과로 비판받아 마땅하다. 이런 모습이 스포츠 강국으로서의 빛과 그림자라면 우리는 너무나 큰 대가를 치르고 있는 셈이다.

　국내 스포츠의 부정적인 모습은 올림픽에서도 고스란히 나타나게 마련이다. 지난 아테네 올림픽이 남긴 교훈 중에서 가장 값진 것은 우리나라는 지나치게 결과에 집중하고 있다는 점이다. 기계체조 종목의 양태영 선수와 브라질의 마라톤 선수인 「반데를레이 리마」의 경우가 이를 확연하게 입증해 주고 있다.

양태영 선수는 동메달을 획득했지만 경기 후 비디오 분석결과 심판들의 오심으로 금메달을 획득하지 못한 것으로 판명되었고, 브라질의 리마는 마라톤 경기에서 당당 1위로 달리다가 35km 지점에서 아일랜드 복장을 한 괴 사나이로부터 봉변을 당하는 해프닝이 있었다. 세계적인 권위를 자랑하는 올림픽경기에서 결코 발생해서는 안 되는 사건이었다. 그러나 두 사건 이후의 대응 방법은 너무나 대조적이었다.

우리나라는 언론을 중심으로 놓친 금메달을 찾아오기 위해 모든 노력을 아끼지 않았다. 최후의 수단인 스포츠중재 재판소에 제소까지 했다. 그러나 결과는 변하지 않았다. 브라질의 리마는 봉변 이후 자신을 추슬러 끝까지 완주를 하며 은메달을 획득했다. 그가 골인 지점에 들어오면서 관중들에게 보낸 환희에 찬 모습은 매우 인상적이었다. 그의 모습 어디에서도 금메달을 향한 집착은 보이지 않았다. 하지만 그는 이미 올림픽 마라톤의 진정한 우승자였다. 양태영 선수도 뒤늦게나마 현실을 받아들이고 다음 올림픽 경기에서 진정한 챔피언의 모습을 보여주겠다고 벼르고 있는 모습에서 스포츠맨쉽을 발견 할 수 있어 다행스럽게 생각한다.

우리나라 선수들이 올림픽 경기 시상대에 섰을 때 환하게 웃는 모습은 금메달리스트에게서만 볼 수 있다. 외국 선수들은 금·은·동을 가리지 않고 시상대에 서기만 해도 함박웃음을 짓는데 반해 우리나라는 결코 부진한 성적이 아닌 은·동메달을 획득했음에도 밝은 표정을 찾아보기가 쉽지 않다. 과정이 아닌 결과와 최선이 아닌 최고만은 중시해온 결과이다.

스포츠는 인간한계의 도전이며 인내와 땀과 용기를 요구한다. 인간한계를 극복하고 경기력을 향상시키기 위한 수단으로 지도자들이 폭력을 사용해 온 것은 공공연한 사실이다. 그러나 어떤 경우에도 폭력은 미화되거나 정당화될 수 없다.

앞으로 선수를 지도하는 지도자들은 최고만을 추구하기보다는 최선을 다하는 선수를 육성하도록 힘을 쏟아야 한다. 결과 못지않게 과정에서도 만족할 줄 아는 선수를 기르도록 해야 한다. 스포츠가 전쟁과 다른 점은 전쟁은 오직 1등만이 살아남고 의미가 있지만 스포츠는 2등을 하거나 패했어도 그 과정에서 큰 의미를 찾을 수 있다는 점이다.

스포츠의 장면에서 폭력과 부정을 추방하기 위한 체육인들의 자정 노력이 절실히 요구된다. 매를 맞으며 경기력을 향상시킨 서수는 훗날 지도자가 되었을 때 역시 매를 수단으로 경기력을 높이려고 할 것이 분명해 악순환은 계속 될 것이다. 따라서 매가 아니라 선수들에게 성취동기를 높여주면서 사랑과 열정으로 지도하고 과학적이고 체계적인 훈련프로그램을 개발하면서 경기력을 높여나가려는 노력을 기울여야 할 것이다.

비단 스포츠의 세계에서 뿐만 아니라 다른 모든 일에서도 결과 못지않게 과정을 중시 여기고 과정에 만족할 줄 아는 풍토가 우리 사회를 보다 밝고 건전하게 만들어 가는 지름길이 될 것이다.

2004. 11. 15

 # 박주영 신드롬을 위한 프로젝트

요즘 한국 축구계에 박주영 신드롬이 일고 있다. 청소년축구 국가 대표인 박주영선수는 현재 만 19세로서 고려대학교에 소속되어 있으며, 카타르의 세계 청소년축구 초청대회에서 발군의 기량으로 네 경기에서 무려 9골을 뽑아내는 경이적인 기록을 세우면서 일약 스타덤에 올랐다. 이회택, 차범근, 홍명보 선수를 뛰어 넘을 수 있는 재원으로서의 필요충분조건을 고루 지닌 선수이다.

박주영선수는 천부적이면서도 왼발, 오른발, 머리를 가리지 않는 다양한 감각적인 골 결정력을 갖추고 있어 한국축구의 고질적인 문제점으로 지적되어 온 골게터 부재를 털어 버리고 새로운 골잡이로서의 입지를 완전히 굳혔다. 특히 박주영의 진가는 그동안 골문 앞에서 동료들이 만들어주는 기회를 골로 연결시켜왔던 기존의 골잡이들과는 달리 위치를 가리지 않고 스스로 골 찬스를 만들어 내는 창조적인 플레이의 골게터라는 점에서 높이 평가받고 있으며 미래의 한국축구에 대한 국민적 기대를 한껏 부풀리고 있다.

벌써부터 박주영의 국가대표 발탁을 두고 찬성과 반대로 나뉘어 논란이 강하게 일고 있다. 하지만 국가대표팀을 이끌고 있는 본프레레감독은 '아직은' 이라며 선발의사가 없음을 확실하게 밝혔다. 하지만 만 20세라는 나이가 어린 나이도 아니고 외국의 축구선진국에서도 출중한 기량만 검증되면 어린 나이에 국가대표로 선발되는 경우는 허다하며 박주영 선수는 이미 각종 국제대회를 통해 경험도 쌓을 만큼 축적해 왔다고 생각한다. 국가대표팀의 발탁은 기량이 중심이 되어야지 나이가 기준이 된다는 것은 납득하기 어렵다. 그러나 대표선수의 선발은 감독의 고유권한인 만큼 지켜볼 일이다.

국가대표팀의 발탁 여부에 관계없이 박주영이라는 보석과 같은 존재를 확인하고 발견할 수 있었다는 것만으로도 축구 팬과 국민의 입장에서는 가슴 설레고 신나며 흐뭇한 일이다. 이제 남은 것은 어른들이 박주영이라는 걸출한 인물을 어떤 과정을 거쳐 세계적인 선수로 성장, 발전시켜 나갈 것인가에 대한 프로젝트를 마련하는 일이라고 생각한다.

스타는 타고나기도 하지만 만들어지기도 한다. 이런 차원에서 박주영 선수에 대한 관리가 절실하게 요구된다고 하겠다. 본인의 철저한 자기 관리도 중요하겠지만 무엇보다도 주변에서 그를 과학적이면서도 체계적으로 관리해 주어야 한다는 것이다. 그동안 많은 스타플레이어들이 자신의 뜻과는 상관없이 주변의 무분별한 간섭과 어른들의 지나친 욕심으로 사라져갔음을 기억해야 한다. 세계적인 스타들 중에도 자기관리에 소홀해 자신이 쌓은 명성을 일순간에 허물어 버린 안타까운 경우를 우리는 쉽게 찾을 수 있다.

이제 세계적인 스타가 탄생되기를 기대한다. 깜짝 스타가 아닌 국민들에게 영원히 힘과 용기를 주는 스타이어야 한다. 스타플레이어의 존재 가치는 개인의 문제가 아닌 국가적인 차원의 문제이다. 경제적인 측면과 함께 나라의 위상과도 직접적이 관련이 있기 때문이다. 우리 고장에서도 박주영 선수 같은 국민적인 스타가 탄생되어 향토와 나라의 명예를 한껏 높일 수 있는 토양이 마련되기를 소망해 본다.

2005. 1. 31

# 승부조작 심판의 양심선언과 심판의 자질

야구 심판의 승부조작과 관련된 양심선언이 사회적으로 큰 충격을 던져주고 있다. 특정팀 봐주기의 양심선언이 나오자 온 언론매체는 기다렸다는 듯이 해당 종목은 물론 다른 종목의 심판들에게까지 의혹의 눈초리를 보내고 있어 체육인의 한 사람으로서 안타까움을 금할 수 없다.

지금 이 시간에도 수많은 심판들이 지구촌 곳곳에서 열악한 환경과 여건 아래 공정하고 정확함을 생명으로 여기며, 심판을 최고의 명예로 알고, 스포츠현장을 누비고 있음을 기억해야 한다.

심판의 부정을 감싸거나 미화하려는 생각은 추호도 없다. 다만 일부가 전부인양 매도되는 것 같은 현상에 대한 안타까움의 표현이다.

심판의 자존심은 명예이다. 그들에게는 스타플레이어의 화려한 명성도, 선수들의 엄청난 연봉이나 보수도 그림의 떡에 불과하다. 오직 공명정대하게 판정을 한다는 명예가 가장 소중한 자산일 뿐이다.

　이번 사건의 파장이 심판들에게 자기반성과 자정효과도 있겠지만 이로 인해 사기를 떨어트리는 일이 있어서는 결코 안 될 것이다. 심판은 그라운드의 꽃이며 경기의 운영자인 동시에 조율자이다. 심판의 첫 번째 덕목은 강직함과 청렴성에 있다. 어떤 유혹으로부터도 흔들림 없이 소신 있게 판단하고 결정해야 한다. 심판을 그라운드의 '포청천'이라 비유하는 이유가 여기에 있다.

　정치, 사회, 경제, 스포츠 등 모든 분야와 직위의 고하, 이유여하를 막론하고 부정과 부패는 뿌리 뽑아야 하며, 일벌백계로 다스려야 한다. 정직하고 성실한 사람이 잘사는 사회, 즉 정의사회가 구현되기 위해서도 부정과 부패는 발본색원이 되어야 마땅하다.

　특히 학교 스포츠의 현장에서 어린 선수들에게 치유될 수 없는 상처를 남겼다면 도덕적으로 용서받을 수 없을 것이다. 심판은 스스로 자질을 향상시키려는 노력을 게을리 해서는 안 된다. 체력향상 및 비디오 분석과 부단한 자기 연수를 통해 수준을 높여 나가야 한다.

　스포츠가 대중화되기 전과 미디어 매체가 발달하기 전에는 심판들에게 많은 재량권이 주어졌던 것도 사실이다. 하지만 이제는 관중의 수준이 높아졌음은 물론 다양한 매체를 이용하여 보이게 보이지 않게 심판의 일거수일투족이 늘 열려있게 마련이다.

　스포츠의 경기력은 양적, 질적으로 괄목할 만큼 성장했다. 이제 심판들의 처우와 보수에 관심을 가질 때가 되었다. 스포츠의 장면에 심판이 없을 수는 없기 때문이다. 과거 미국의 프로야구에서는 심판의 부정문제가 사회적으로 야기되자 스트라이크와 볼을 레이저를 이용한 자동 판독기로 판정한 사례도 있었다.

　하지만 기계에 의한 판정이 정확은 했지만 관중들에게 경직되고 부정적인 이미지를 주게 되어 전임 심판제를 전격 도입하게 되었다.

　스포츠에서 선수, 관중과 함께 심판은 반드시 필요한 존재이다. 제도적인 장치를 통해 현재의 종목별 심판 양성 체계에서 벗어나 중앙의 심판양성기관을 설립한다든가, 심판아카데미 또는 심판스쿨 등으로 우수한 심판을 양성해 내고 체계적으로 관리하는 시스템의 도입이 필요하다고 생각한다.

2005. 4. 18

# 정치인 출신의 협회장 추대

프로야구 연맹인 KBO의 신임 총재로 신상우 전국회부의장이 최종 선출되었다. 내정 단계에서 정치인이라는 이유로 논란이 뜨겁게 일었다. 주지하다시피 체육회 산하의 각 종목별 협회장은 대부분 기업가들이 맡아 왔다. 어려운 시절 협회를 운영하기 위해서는 경제적인 입장을 고려하지 않으면 안되었기 때문이었으며, 기업의 입장에서도 기업에 대한 이미지 관리 및 홍보 효과를 비롯한 다양한 측면에서 유익한 부문을 고려하여 기꺼이 협회장을 맡아 오고 있다.

우리나라의 체육발전에 기업가들이 미친 영향력은 대단히 크다. 오늘날 우리나라 스포츠 발전의 저변에는 기업가들의 공로가 있었음을 부정해서는 안 된다. 국제적인 스포츠 행사는 경제력과 밀접한 관계에 있다. 따라서 기업인들의 협회장 추대는 경제적인 능력 없이는 발전할 수 없는 엘리트 체육의 한계를 극복하기 위한 방편이었다고도 생각된다.

　그러나 최근 스포츠가 국제적으로 위상을 높이면서 정치인 출신들이 스포츠계로 영역을 넓혀가고 있다. 반면 체육계에서 인지도를 쌓은 후 정치 분야로 옮겨간 인물들도 상당수 있다. 따라서 체육계는 열려있다. 정치인이라고 해서 배척되거나 문호가 막혀 있어서는 곤란하다.

　오히려 정치인 출신들이 체육 발전을 앞당길 수도 있다. 정치인으로 축적된 다양한 경험과 정책의 개발 등을 스포츠계에 접목시켜 나간다면 체육은 한 단계 더 업그레이드 될 수도 있다. 다만 정치적인 욕심이라든지, 정치계에서 익힌 꼼수를 이용한다든지 하는 문제는 우려의 대상이다.

　스포츠계에서 잔뼈가 굵은 체육인들은 비교적 우직하며 정직하다. 편법을 모르고 원칙만을 고수하는 스포츠맨쉽에 익숙해져 있다. 따라서 외부인들의 농간에 쉽게 흔들릴 수 있다. 체육인들은 늘 이점에 유념해야 한다.

　김정길 현 대한체육회장 역시 정치인 출신이다. 대한체육회의 운영 방안이나 형태 등을 주의 깊게 살펴 볼일이다. 참신한 아이디어로 새로운 시스템을 구축하고 진정 체육발전을 위해 헌신하는 모습으로 정치인에 대한 우려를 불식시켜주기를 기대한다.

　우리나라의 국제올림픽위원회(IOC) 위원들은 대부분 기업가 출신들이다. 현재 위원인 이건희, 박용성 위원이 대기업의 총수들이며, 역대 위원들의 면면을 살펴봐도 초대 위원인 이상백 박사를 제외하고는 역시 정치 또는 기업인들이 주종을 이루고 있다.

　대한축구협회의 정몽준회장은 대표적인 정치인이다. 그러나 그는 이미 기업가로서 거대한 조직인 축구협회를 이끌어왔다. 그는 체육계, 기업가, 정치가를 넘나드는 인물이다. 국제적으로도 FIFA의 부회장을 역임하는 등 인지도를 넓혀 왔다. 한때 월드컵의 성공적인 개최를 발판으로 대권주자의 반열에 오르기도 했다.

체육계가 정치인 출신들의 협회장 선임에 우려하는 바는 스포츠의 정치적인 이용이다. 스포츠는 정치로부터 독립되어야 함은 당연하다. 그럼에도 불구하고 지금까지 스포츠는 일시적 또는 부분적으로 정치에 이용되어 온 것은 부정할 수 없다. 이는 국내만의 문제가 아니라 외국에서도 가끔씩 있는 현상이므로 경계해야 한다는 것이다. 우리 체육계의 입장에서 보면 체육의 발전을 위해 기업인, 정치인을 활용하되 중심을 잃고 이들에게 지나치게 의존하거나 흔들려서는 안 될 것이다.

2006. 1. 17

생활체육

 # 주 40시간 근무 시대 지금부터 준비하자

지난 10월 23일 노사정 위원회에서는 주 40시간 근무를 합의하고 발표하였다. 늦어도 내년 후반기부터는 적용될 것이라는 전망이다. 이는 곧 단순한 노동시간의 단축보다 「삶의 질 향상」에 초점이 맞춰졌기 때문에 기대되는 바가 크다.

우리 국민은 해방이후 보릿고개를 넘기 위해 허리띠를 졸라매고 앞만 보고 달려왔다. 물론 모두가 그런 것은 아니지만, 대부분이 지난날의 가위에 눌려 돈을 벌고 늘리는 데만 정신이 팔려있었지 쓰는 데는 대부분 인색하였다.

예전에는 「개같이 벌어 정승같이 쓰라」는 말이 보편적 가치였지만 IMF시절에는 「소비가 미덕」이라는 말이 통했던 우리 사회다. 열심히 벌기도 해야겠지만 적당히 쓰는 습관도 있어야 한다.

주 40시간 근무시대에는 부지런히 일해서 열심히 벌고, 고생해서 번만큼 자신과 가족을 위해서 아낌없이 쓰고 과감히 투자해야 한다. 그러기 위해서는 개인이나 가족단위로 취미와 특기를 가져야

하고, 여력을 이용해서 사회봉사활동도 해야 한다. 이를테면 독서, 바둑, 운동, 등산, 여행 등을 하며 인간다운 삶을 추구해야 하고 우리 사회의 구성원인 어려운 이웃, 불우한 이웃을 찾아 학생들처럼 점수 따기 위한 봉사가 아닌 더불어 사는 아름다운 인간사회 건설을 위한 봉사의 기회도 가져야 한다.

지난달 28일 우리고장 정선지역에 내국인 카지노가 개장되었다. 지역경제 호황의 기쁨보다는 근심ㆍ걱정이 앞서는 이유는 국내에 카지노가 없을 때 외국까지 건너가 오락 아닌 도박으로 가산을 탕진한 사례를 수없이 보아 왔기 때문이다.

갑자기 많은 시간이 주어졌을 때 계획성이 없는 사람은 주체하지 못해 시간을 낭비하고 방황하기 쉽다. 노동시간의 단축은 역기능적 측면에서 볼 때 쉬는 시간의 증대로 유흥산업의 발전과 사회 범죄 증가의 결과가 초래될 우려가 크다.

따라서 정부와 기업에서는 국민들의 여가선용을 위한 평생교육 차원의 다양한 프로그램개발과 함께 시설과 여건 조성을 위한 투자에 소홀해서는 안 될 것이다.

「시간은 황금」이란 말의 의미는 과연 무엇일까. 그것은 곧 시간을 아껴 공부하고 일을 해야 한다는 뜻이었지만, 이제는 본래의 의미가 축소되면서 자신을 위한 여가활동에 더 많은 시간을 할애해야 한다는 의미로 확대 해석되어야 할 것이다.

여가시간의 활용은 가치 있고 유익한 것으로 이루어져야 한층 성숙된 삶을 영위할 수 있다. 이를 위해 학교에서는 여가선용의 방법과 습관을 가르쳐야하고 국가는 국민 모두가 여가를 계획적으로 보람 있게 즐길 수 있는 풍토를 조성해야 한다. 국민들도 개인의 입장에서 취미와 특기를 신장시켜 나가야 한다. 특히 한 사람이 한 가지 이상의 운동을 익혀두어야 한다. 건강 증진을 위한 생활체육이 강조될 수밖에 없기 때문이다.

　주 40시간 근무 시행을 앞두고 지금부터 착실히 계획을 세우고 취미와 특기를 신장해 가며 준비할 때 「삶의 질 향상」이라는 주 40시간 근무의 진정한 의미를 찾을 수 있을 것이다.

2000. 11. 27

올림픽 열기 생활체육으로

감동과 환희의 인간 승리 드라마를 연출해 지구촌 가족을 흥분의 도가니로 몰아 넣었던 새 천년의 첫 올림픽이 대단원의 막을 내렸다.

시설·환경·운영을 인간과 접목 시켰던 역사상 가장 훌륭하고 아름다운 올림픽으로 평가돼 인류의 가슴속에 영원히 기억될 것이다.

눈과 귀를 TV앞에 집중 시켰던 올림픽의 높은 관심과 뜨거운 열정을 이제 「나」를 위한 스포츠로 승화 발전 시켜야 한다. 보고 즐기는 스포츠에서 직접 참여하고 즐기는 스포츠로 대전환을 해야 한다. 올림픽에서의 메달 순위만큼이나 강건하고 부강한 나라로 만들기 위해서는 엘리트 체육 못지않게 사회 체육이 활성화돼 뿌리를 깊이 내려야 한다.

사회체육은 국가에서 시설 투자 등의 정책적인 지원이 있어야겠지만 무엇보다 국민 스스로가 뜨거운 열정으로 참여하는 생활체육이 되었을 때 큰 효과를 얻을 수 있다.

예부터 '체력은 국력'이라 했다. 정부에서도 엘리트 체육의 선수 육성과 함께 학교체육의 내실 있는 운영을 뒷받침하고 국민들의 생활체육을 위한 투자를 확대하며 다양한 프로그램을 개발·보급하여야 할 것이다.

우리나라 청소년의 체격은 점차 커지는데 반해 체력은 매년 저하된다는 연구결과가 있다. 생활환경의 변화와 식생활개선 등으로 충분한 영양이 공급돼 체격은 향상되고 있으나 문명의 이기가 가져온 편리함이 현대인의 체력을 약화시키고 있는 것이다.

걸어서 10여분 안팎의 거리도 버스나 택시를 이용하는 현실적 추세가 심각한 운동 부족 현상으로 나타나는 것은 당연하다.

등·하교 시 학교 주변도로가 승용차로 뒤엉키는 현상 역시 부모가 자녀의 운동부족을 부채질하고 있는 현장이다. 학생들에게 걸을 수 있는 분위기와 환경을 만들어 주고 걷기 운동을 전개해야 한다.

생활체육은 어려운 기술과 멋진 동작을 요구하지 않는다. 다만 열정과 땀을 요구할 뿐이다. 땀은 정직하다. 땀은 그 대가를 반드시 건강이란 선물로 보상한다. 아침 일찍 일어나 근처의 학교 운동장이나 체육공원을 찾고, 퇴근길에 한 번쯤은 사회체육시설을 찾아 땀을 흘려보자. 일요일이나 여가시간에 가족과 함께 뛰고 달리며 땀을 흘려보자.

건강은 건강할 때 지켜야 한다는 말이 있다. 건강이란 신체적으로 질병이 없어야 할 뿐만 아니라 정신적으로도 건강해야 한다. 건강한 신체에 건전한 정신이 깃든다는 말을 잊어서는 안 된다.

어느 유행가의 가사처럼 할아버지, 할머니도 걷고 달려야 하고 학생, 주부, 회사원, 군인 등 모든 국민들이 계층과 지위를 가리지 말고 뛰고 달리며 던져야 한다.

생활체육은 청소년들에게 균형 있는 신체의 발달은 물론 극기심과 성취감을 주고 어른들에게는 건강의 증진과 생활에 활력을 준다.

국민 모두가 올림픽의 열기가 식기 전에 그 관심과 정성으로 사회체육, 생활체육에 능동적 적극적으로 참여하여 건강한 가정, 활기찬 사회, 부강한 나라를 건설해 가야 할 것이다.

2000. 10. 9

 # 주민의 건강을 위한 스케이트장 개설 필요

　지난해까지 겨울철이면 어김없이 우리 고장에는 군부대에서 설치한 스케이트장이 마련되어 군인들의 체력향상에 이바지함은 물론 지역주민들에게도 겨울 스포츠의 묘미를 만끽할 수 있는 운동의 장을 제공해 주었다. 그런데 웬일인지 금년에는 보이지 않고 있다. 여전히 추운 날씨가 넓은 우리 고장의 강을 꽁꽁 얼어 붙였지만 얼음판 위의 스케이트는 물론이고 썰매를 타는 사람조차 보이지 않는다.

　이상기온 현상으로 100년 만에 처음이라는 눈이 없는 12월과 1월을 맞이하고 있지만 우리 고장을 지나는 많은 외지인들에게 빙판 위를 지치는 스케이트 타기는 겨울 스포츠의 진풍경을 연출하기에 충분했었다. 우리고장은 우리나라에서 겨울 스포츠의 메카로 자리를 잡을 수 있는 지형적, 기후적 조건을 갖추고 있는 몇 안 되는 고장 중 하나이다.

군부대가 아닌 행정기관에서 스케이트장을 개설하고 지역주민에게 겨울 스포츠의 장으로 제공해 주어야 한다. 이용하는 사람들의 많고 적음을 떠나 군민들의 복지향상 차원에서도 스케이트장은 개설되어야 마땅하다. 그리고 각종 대회를 개최해서 주민들이나 청소년들이 열심히 운동에 참여할 수 있도록 유도해야 할 것이다. 자칫 추운 날씨를 빙자해 몸을 움츠리고 운동에 소홀해지기 쉬운 때가 겨울철이다.

그동안 군부대에서 개설한 스케이트장을 주민들이 이용할 수 있었지만 이런저런 눈치를 보지 않을 수가 없었다. 물론 군부대에서 주민의 이용을 제한하거나 통제했기 때문이 아니라 관에서 만든 것이 아니라는 자체가 우리고장 군민들에게 심리적인 부담감을 주었던 것이다. 따라서 주민 전용의 스케이트장을 만들고 관리하면 주민들이 편안한 마음으로 이용하며 겨울철 건강관리를 할 수 있을 것이다.

겨울철 스포츠는 크게 스키와 빙상으로 구분된다. 스키장은 우리고장에서 멀리 떨어진 곳에 있을 뿐만 아니라 경제적으로도 부담이 되지만, 빙상으로 구분되는 스케이트는 주택지로부터 가까운 강변에 위치할 수 있고, 경제적인 부담도 적고, 스케이트 이외에도 다양한 놀이 기구를 이용한 썰매가 가능하며 청소년들에게는 얼음 축구인 빙구를 통해 팀웍을 다지면서 더불어 살아가는 습관을 익힐 수도 있는 장점을 지니고 있다.

굳이 군과 민 그리고 관을 구분하자는 것이 아니다. 같은 장소에서 함께 어우러져 손에 손을 잡고 함께 가르치기도 하고 배우기도 하는 모습이야말로 민관군이 하나 되는 전형적인 모습일 것이다.

예산상의 어려움이 있다면 윤번제로 해를 바꾸어가며 한 번은 군부대에서 개설하고 또 한 번은 행정기관에서 개설하는 방법으로 반복한다면 군관민의 관계가 더욱 돈독해 질 수 있을 것으로 생각한다.

겨울철 춥다고 움츠리지 말고 밖으로 나와 가슴을 활짝 펴고 신선하고 맑은 공기를 마시며 운동하는 것이 건강에 좋다. 겨울철에는 신체의 근육이 경직되기 쉽다. 충분한 준비운동과 스트레칭이 요구된다. 악조건 속에서의 운동은 인내심과 함께 더욱 강건한 체력을 향상시켜 줄 것이다.

2005. 1. 17

도민체육대회 후의 과제

우리고장에서 개최되었던 제40회 강원도민체육대회가 대단원의 막을 내렸다. 대회의 성패 여부를 떠나 훌륭한 대회를 만들기 위해, 우리 고장의 자존심을 위해 노심초사 노고가 많았던 체육관계자 모든 분들의 노고에 위로와 격려를 보낸다. 특히 대회기간 내내 자기 희행과 오직 고장 사랑이라는 애향심으로 경기장 곳곳에서 자원봉사활동에 참가한 분들에게 뜨거운 찬사와 박수를 보낸다.

이번 도민체육대회에서 가장 돋보인 것이 뭐니 뭐니 해도 자원봉사단의 활동이었다. 필자는 체육교사로서 수많은 전국대회와 그동안 타 지역에서 개최된 각종대회에 참가해 왔지만 어느 대회에서도 우리고장처럼 체계적이고 희생적으로 자원 봉사단이 활동한 대회는 없었다고 생각한다.

이제 대회 기간을 밝혀 주었던 성화는 역사 속으로 자취를 감추었고 체육대회를 치르기 위해 많은 예산을 들여 건립한 운동장과 체육관 등 체육시설, 그리고 큰 규모의 체육대회를 치른 시스템을 잘 활용해야 하는 과제가 우리에게 남았다.

우선 각종 외부 행사를 유치하여 지역경제를 활성화시켜야 한다. 금번 체육대회는 '경기는 있고 선수는 없는' 기현상이었다. 대회 기간 내내 선수단이 북적대며 대회분위기를 고조 시켰어야 했음에도 숙소는 시내 외곽과 대명콘도 시설을 이용해야 하는 탓과 인근 지역의 시군 선수단은 자체 숙소를 이용하는 등 대단위 선수단을 수용하지 못한 숙소 문제가 원인 이었다.

그러나 이제는 종목별로 도 단위, 전국단위 대회를 개최하여 명실상부한 부가가치 창출을 통해 군민들의 경제 활성화에 기여할 수 있도록 해야 할 것이다. 이제는 외부의 대회 유치도 종전과 같이 쉽지 않다. 각 자치 단체마다 대회 유치에 열을 올리고 있기 때문이다. 그러나 우리 고장은 교통이 잘 발달 되어 있고, 큰 대회를 치른 노하우가 축적되어 있으므로 어느 고장보다 유리한 입장에 있다. 이를 위해 체육회와 생활체육협의회의 역량발휘가 어느 때보다 필요한 때이다.

두 번째는 우리 고장의 주민들이 유익하게 활용할 수 있어야 한다. 각종 운동 경기는 물론 다양한 문화행사를 치르는 공간으로 활용되어야 한다. 운동장과 체육관을 개방하여 지역 주민들이 언제든지 사용할 수 있도록 편의를 제공해 주어야 한다. 일반 주민의 사용에 있어서 절차가 까다로워서는 안 되며, 파손 또는 망실을 우려하여 신주 모시듯이 아끼기만 한다면 이는 수십억 원을 들여 만든 시설이 한낱 콘크리트 덩어리에 불과하게 될 것이다. 물론 철저한 관리에 한 치의 소홀함도 없어야 함은 지극히 당연한 일이다.

전일제 수업 및 토요 휴업일을 이용하여 우리 지역의 학생들이 유용하게 활용할 수 있는 학습의 장으로도 제공 될 수 있기를 기대한다. 또한 우리 고장에는 가족 단위로 휴식을 취할 수 있는 장소가 별로 없는 실정이다. 따라서 체육관과 운동장 주변을 주민들의 휴식 공간으로 활용할 수 있는 방안이 강구되기를 희망한다.

작지만 공원과 위락 시설이 함께 하면 지역 주민은 물론 면회를 통해 외출 나온 군장병들도 즐겨 찾아 경기를 관람하고 휴식을 취할 수 있는 장소가 될 수도 있을 것이다. 새로운 체육 시설을 통해 우리고장 주민들의 삶이 한 단계 더 향상되는 계기가 되기를 소망해 본다.

2005. 6. 15

학 교 체 육

 # 체력장, 재도입하자

각급 학교에서는 가을을 맞아 학생 체력검사를 실시했다. 스포츠
강국답게 부쩍 커버린 체격에 새삼 경이로움을 느낀다. 하지만 커
진 덩치에 비해 점차 약해져 가는 청소년들의 체력이 올 검사에서
도 어김없이 확인됐다.

학교에서 실시되는 체력검사가 검사 그 자체로 끝나므로 해서
체력검사에 최선을 다하지 않는 학생들의 자세나 태도에도 문제가
있지만 근본적인 원인은 입시나 정보화에 밀려 아이들의 체력이
날로 약해지고 있다는 데에 있다. 우리나라는 88서울 올림픽을 기
점으로 스포츠의 과학화와 엘리트 선수의 체계적인 육성을 통해
스포츠 강국으로서의 위상을 높여왔다.

그러나 이제는 일반 국민들의 체력향상에도 노력을 기울여야 할
때다. 엘리트 체육과 생활체육의 균형 있는 발전을 도모하기 위한
국가 차원의 정책이나 제도 마련이 시급하다. 청소년기에 다져진
체력은 평생을 살아가는 소중한 자산이 된다. 하지만 우리 청소년

들은 늘 뭔가에 쫓기며 산다. 등하교길이 짧아도 버스나 승용차를 이용하면서 가장 기본적인 걷기 운동조차 하지 않는다. 제7차 교육과정은 그나마 학교 체육시간마저 줄여 놓았다.

건강한 삶을 누리기 위해서 청소년기의 체력 향상은 필수적이다. 청소년들은 자신의 심신을 돌볼 틈이 없다. 국가가 정책과 제도로 뒷받침해주어야 한다.

그 일환으로 고입, 대입 시험에 체력장을 다시 부활했으면 한다. 체력은 국력이란 말만 하지 말고 작은 것부터 실천해야 한다.

2002. 12. 2

학교체육 위기를 맞고 있다 Ⅰ

지난해 6월의 감동이 아직도 살아 숨쉬고 있는 가운데 새해 벽두부터 우리고장 출신 이형택 선수의 아디다스 인터내셔널 테니스대회 우승과 최경주 선수의 PGA 승전보는 이라크전쟁과 북핵문제로 답답하고 어수선한 국민들에게 신선한 충격을 주기에 충분하다.

이제 한국 스포츠는 대부분의 종목에서 세계 강호들과 당당히 어깨를 나란히 하는 수준으로 그 위상을 높였다. 엘리트 체육의 체계적이고 과학적인 육성 결과이다. 하지만 엘리트 체육과 양축을 이뤄 균형 있는 발전을 도모해야할 학교체육이 위축되어 가고 있다.

이형택, 최경주, 박세리, 박찬호 등의 세계적인 스타플레이어가 탄생되기까지는 물론 본인들의 피눈물 나는 노력과 부모님의 뒷바라지 등 여러 가지 요인이 있겠지만 초·중등학교에서의 선수 발굴을 통한 소질계발과 훈련이 가장 중요한 요인임은 너무나 분명하다. 기초가 없는 토대 위에 집을 지을 수는 없기 때문이다.

지금 나라 안팎으로 스포츠가 위상을 떨치고 있는 가운데 학교 체육은 건국 이래 최대의 위기를 맞고 있다. 제7차 교육과정으로 수업 시수가 줄고, 입시와 관련된 교육에 문제점이 대두될 때마다 주지교과에 떠밀려 이리 치이고 저리 쫓기는 형상이다.

한때 스포츠 강국으로 위세를 떨쳤던 동독은 엘리트선수의 육성에만 급급한 채 국민들의 체위와 체력향상에는 전혀 신경을 쓰지 않았다. 그 결과 지금 동독은 지구상에서 영원히 사라지고 말았다. 타산지석으로 삼아야 할 일이다.

계속해서 제2, 제3의 이형택, 최경주, 박세리가 육성되어야 한다. 뿐만 아니라 엘리트 체육의 육성과 일반국민들의 체위와 체력이 함께 향상 발전될 수 있도록 균형을 유지시키려는 정책과 노력이 뒷받침되어야 한다. 학교 체육시설을 확충하고, 수업시수를 늘리고, 체력장을 부활시키는 등의 제도개선이 시급하다.

생활수준이 높아질수록 삶의 질 향상이 최고의 가치로 추구되면서 운동에 관심이 높아지고 있다. 최첨단의 정보화 지식기반 사회의 디지털시대라고는 하지만 삶의 질 향상은 건강하지 않고는 이룰 수 없기 때문이다.

2003. 2. 6

 # 학교체육 위기를 맞고 있다 Ⅱ

최근 학교 현장에서 학교 체육이 최대의 위기를 맞고 있다. 선택 중심교육과정의 교과 선택과 입시중심 교과에 밀리고, 무용교과의 독립요구에 이어 일선학교 보건교사들의 보건교과 독립요구가 이어져 가뜩이나 어려워지고 있는 학교 체육을 더욱 힘들고 지치게 하고 있다.

체육은 신체활동을 통한 교육적 활동을 일컫는다. 체육교과의 목적은 건강한 민주 시민을 육성하는데 있다. 무용도 신체활동의 한 범주이며, 건강을 추구하는 교육인 체육이 보건 그 자체인 것이다. 아무리 의학이 발달해도 신체활동을 통해 땀을 흘리지 않고서는 건강을 지킬 수 있는 방법은 없다.

체육교사들은 대학에서 교사가 되기 위한 교육과정 상 보건과 관련된 일정 수준의 학점을 이수하고 있다. 따라서 얼마든지 교실에서 보건 교육을 체계적으로 실시할 수 있는 능력과 자질을 갖추고 있다. 현재 대부분의 학교 체육교사들이 무더운 여름날이나 추운 겨울날 교실 수업을 통해서 보건 수업을 실시하고 있는 실정이다.

보건을 독립교과로 추진하는 입장을 보이고 있는 것은 일선 학교의 보건교사들이다. 보건 교사는 간호학교를 졸업하고 간호사 자격증을 취득한 선생님들로 교육활동 중 학생들에게 응급환자가 발생했을 때 이들을 치료하고 보살펴 주기 위해 임용된 선생님들이다. 교육활동 중 사고나 환자의 발생은 예고가 없다. 따라서 보건 교사들은 항시 보건실을 비워서는 안 되는 분들이다. 그런데 이 분들이 보건실을 벗어나 교실에서 수업을 하겠다는 것은 그들 스스로 존재의 가치를 부정하는 꼴이 된다.

제자리에서 자기 자리를 지키는 것이 가장 아름다운 모습이며 학교 현장에서 진정으로 아이들을 위한 길임을 잊어서는 안 될 것이다.

2006. 1. 4

학교체육 정상화를 위한 토론
(중·고등학교 체육을 중심으로)

1. 시작하면서

제7차 교육과정에 의해 수업시수가 줄고, 입시 중심의 교과 선택으로 체육교과가 기피되고 있으며, 평가에 대한 불신 문제 등으로 학교체육이 유사 이래 최고의 위기를 맞고 있다. 위기는 곧 기회가 될 수도 있지만 노력과 대안 없이 절로 얻어지는 기회는 없다. 고등학교 현장을 중심으로 문제점을 찾고 대안을 모색해 보고자 한다.

2. 수업시수 확보를 위한 노력

교육인적자원부 교원정책과에서는 중국의 동북공정으로 불리는 역사 왜곡과 일본의 독도 영유권 주장으로 역사교육을 강화(2005. 6.4 교원정책과-1665호)하려 하고 있다. 학교 현장에 역사 교육을 교과 재량활동 시간에 1시간 이상 확보하기 위한 조치이며 주 5일제 수업 시행에 따른 교육과정 수시개정 체제 활성화계획에 의거 추진하고 있다.

물론 역사교육도 중요하지만 작금의 역사왜곡 문제는 우리나라의 역사 교육에 문제가 있다기 보다는 주변 국가의 정치·문화적 욕심으로 발생한 문제이다. 하지만 청소년의 체력과 체질 약화문제는 우리 스스로 잘못된 제도와 시스템을 운영한 결과이며 조국과 민족의 미래에 대한 삶과 생존의 문제이다. 따라서 역사교육의 강화 못지않게 우선적으로 먼저 해결해야 하는 것이 학교 현장에서 체육교육을 강화하는 문제일 것이다.

지금 우리는 무용과 보건의 독립교과 추진에 발목을 잡혀 많은 에너지를 소모하고 있다. 보건교과 독립 추진 입법 발의를 한 국회의원들의 명단에는 체육교육에 대한 이해가 높을 수 있는 젊은 의원들이 대거 포진되어 있는 것을 보면 학교체육의 현안 문제에서 그동안 우리 체육계가 안일하게 대처해 온 결과라고 반성해야 한다.

학교 체육을 사랑하고 아끼는 모든 단체가 힘을 합쳐 국회의원 전원을 대상으로 로비를 해서라도 체육교육을 강화하기 위한 특단의 조치, 즉 고교 전 학년에서 체육 교과를 국가수준의 필수 교과로 하기위한 노력을 기울여야 한다.

현행과 같은 제7차 교육과정의 선택 중심 교육과정 하에서는 정상적인 체육수업을 기대하기 곤란하다. 학생들에게 지나치게 흥미 본위 수업은 자칫 체육교육의 본질에서 크게 벗어 날 수 있기 때문이다.

3. 삶의 질 향상을 위한 체력장의 부활

청소년기에 다져진 체력은 평생을 건강하게 살아가는 바탕이 됨은 주지의 사실이다. 그러나 매년 청소년들의 덩치는 커지는데 반해 체력은 약해지고 있다는 보도를 접할 때마다 언론을 비롯한 사회단체에서는 큰 일 난 듯 호들갑을 떨며 염려를 하지만 특별한 대안을 제시하지 못하고 있는 실정이다.

오늘날 청소년들의 체력약화는 조금도 이상한 현상이 아니다. 체력장제도가 자취를 감추면서 예고되었던 것이 현실로 나타난 너무나 당연한 결과이며, 제7차 교육과정이 정착되면서 더욱 심각한 사태로 발전하게 될 것을 예고하고 있음에 주의하여야 한다.

체력의 약화는 체질의 변화를 초래했고 그 결과 어른들은 미래의 희망이라는 청소년들을 성인병에 무방비 상태로 방치해 애늙은이로 키우는 우를 범하고 있다.

삶의 질 향상에서 가장 으뜸이 되는 조건이 건강임은 누구도 부정하지 않는다. 발표자가 주장한 '체력 인증제'는 성취동기 부여로 초등학교 어린이들에게는 효과가 있을 수 있으나 중·고등학교 학생들에게는 효과를 기대하기는 어렵다. 자신의 신상과 관련해서(진학, 취업 등) 어떤 형태로든 작용할 때 학생들은 관심을 갖게 마련이다. 따라서 상급학교 진학에 체력검사 결과를 점수화는 방안만이 학생들의 체력을 향상시키는 방법이 될 수 있다.

종전의 체력장은 많은 예산이 들어가고 한 번의 측정으로 점수화하여 학생들에게 무리를 줄 수 있으므로 재학 3년간의 학교 체력검사 결과를 점수화하는 방안을 강구할 것을 강력히 제안한다.

뿐만 아니라 체력검사 종목에 있어서도 윗몸 앞으로 굽히기, 팔

굽혀 매달리기 등은 새로운 종목으로 대체되어야 한다. 체전굴은 하지장이 길어지는 현재 신체의 발달 구조로 보아 선천적인 요소가 크며, 팔 굽혀 매달리기는 정확한 근력을 측정하는 종목으로는 적당하지 않다. 체력검사를 점수화하기 위해서는 현행의 급간별 점수도 보완해야 할 것이다.

얼마 전 보도(2005.5.27 서울신문)에 의하면 교육인적자원부에서는 현재 학교에서 실시하고 있는 학생들의 체력 검사에 대하여 운동 처방을 계획하고 있는 것으로 알려졌다. 매우 긍정적이라고 생각한다. 체력검사 그 자체로 끝나는 것이 아니라 취약한 종목에 대하여 원인을 진단해 주고 운동 방법까지 제시해 준다면 체육교사들의 부담은 늘어나겠지만 공교육이 신뢰를 받고 청소년을 올바르게 성장시키는 방법이 될 수 있을 것으로 믿는다.

우리나라는 엘리트 체육의 경기력에 관해서는 세계적인 수준과 위치에 있다. 이제는 국민 전체의 체위 향상에 관심을 가져야 할 것이다. 군부대에서 장성 진급 시 체력 검사를 실시하는 것과 같이 모든 국민들에게 일정 수준의 체력측정을 하여 보수, 보험료, 승진 등에 반영하는 프로그램을 개발 적용하는 것도 전체 국민들의 삶의 질을 향상시키는 대안이 될 수 있을 것으로 믿는다.

4. 교과서 내용의 변화

선택 중심 교육과정인 제7차 교육과정은 상급학교 진로와 관련하여 과목을 선택하므로 입시 과목이 아닌 체육을 선택하기에는 현실적으로 어려움이 있다.

초등학교, 중학교 수업을 통해 체육교육이 즐겁고 신나게 진행되면서 학생들이 체육의 중요성을 바르게 인식시켜주는 것이 우선되어야 한다. 학생들이 체육 교과를 선호하게 하기 위해서는 우선 교과서의 내용이 변화를 가져와야 한다. 시대는 급속하게 변화하는데 교과서의 내용은 큰 변화가 없다. 특히 고등학교에서 심화선택으로 불리는 전문교과인 체육실기, 체육이론 등은 아직 교과서가 개발되지 않고 있는 실정이다.

고등학교의 체육, 체육과 건강 등 체육교과서의 대부분 내용은 운동경기에 있어서 국가 대표급 선수의 기능을 소개하고 있다. 예를 들어 여학생들에게 교과서에 나와 있는 농구의 3점 슛, 배구의 스파이크 등을 지도하려면 일주일에 세 시간 이상 수업 시수를 확보하고 연중으로 농구, 배구 수업만을 실시해야 가능하다. 따라서 정확한 경기 규칙을 소개하여 스포츠를 관람 또는 시청하는 능력을 기르는 한편 기능면에서는 학생들이 즐겁게 땀 흘려 참가하게 하는 다양한 방법들이 소개되어야 할 것이다. 예컨대 여학생 배구의 경우 네트의 높이를 낮추고, 경기 인원을 늘리며, 경기 방법에서 홀딩을 허용하는 등 학생들이 운동에 접근이 용이하게 만들어야 할 것이다. 수영에서도 모든 학생이 접영, 평영의 어려운 기능을 익혀야 할 이유는 없다. 물에서 어떤 형태의 영법으로든 헤엄을 칠 수 있으면 되는 것이다.

이렇듯 쉽고 재미있는 내용으로 보는 스포츠와 행하는 스포츠를 모두 만족시킬 수 있는 교과서를 개발해야 한다.

특히 고등학교 여학생들은 신체의 생리적 구조상 움직임을 싫어하고 기피하게 되므로 여학생이 체육을 선호하게 하는 다양한 교수-학습 모형의 개발이 절실하며, 최근 학생들이 관심을 갖고 있는 다이어트와 관련된 내용을 다루어 주는 것도 바람직할 것이다. 영양을 충분히 섭취하고 운동을 통해 다이어트를 해야 함에도 불구하고 영양을 섭취하지 않고 살을 빼려는 학생들이 많아 바른 성장에도 문제가 되고 있다.

벅찬 신체활동이 전혀 요구되지 않는 바둑, 장기도 최근 스포츠로 분류되고 있으며 신 개념의 e-스포츠가 청소년들에게 대중적인 인기를 얻고 있다. 이런 부분의 도입에 대해서도 충분한 연구가 있어야 할 것이다.

5. 체육시설의 확충 및 예산 확보

현대사회는 고정관념을 깨야 성공한다고 한다. 그러나 아무리 세태가 변해도 바뀌어서는 안 되는 것이 있다. 학교는 운동장이 있어야 한다. 운동장은 체육교과의 학습의 장이기도 하지만 학생들이 흙을 밟으며 마음껏 뛰어 놀 수 있는 유일한 공간이기도 하다.

근래 들어 서울에는 운동장 없는 학교가 개교하였다. 이는 단순히 운동장의 문제가 아니라 체육교과 경시풍토의 출발점이며 향후 학교 교육에서 체육교과의 존립의 문제로까지 확대될 수 있다는 점에서 매우 심각한 문제이다.

부지확보의 어려움과 경제적인 이유로 운동장을 포기하는 것은 교육을 포기하는 것과 같으며 미래를 포기하는 것이다. 학교는 교육만을 위한 장소가 아니라 어린 청소년들에게 바른 인성과 함께 꿈을 키워주고 올바른 가치관을 기르게 하는 곳이다. 꽉 막힌 콘크리트 숲에서 지적인 능력만 향상시킨 어린이가 세계관, 국가관, 인생관을 바르게 확립할 수는 없을 것이다.

체육시설에 대한 분명한 기준과 이의 철저한 준수가 곧 체육교육을 제대로 실시하게 되는 바탕임을 잊어서는 안 될 것이다. 또한 우리나라의 제도나 행정은 대부분 서울에서 시행하면 곧 지방에서도 따라하는 추세를 간과해서는 안 될 것이다.

학교 예산 편성에 있어서 엘리트 체육인 육성종목에 지나치게 많은 예산이 집중되고 있는 실정이며, 이에 따라 일반 학생들의 체육교과 활동을 위한 예산은 상대적으로 빈약할 수밖에 없다. 학교 예산은 일반 학생들의 체육교과 수업을 위한 예산으로 편성하고 엘리트 체육에 대한 예산 지원은 문화관광부, 체육관리공단, 프로구단, 또는 국가가 별도의 예산으로 지원해 주어야 할 것이다.

학교체육에서 엘리트 체육을 무시할 수는 없다. 일반 학생들의 체력과 운동 기능을 향상시켜 주는 일과 육성종목 선수들의 경기력을 향상시키는 일이 균형을 이뤄야 한다. 따라서 엘리트 체육을 전담하는 코치 임용을 위한 예산 또한 확보되어야 체육교사가 수업에 전념할 수 있고, 질 높은 수업이 이루어 질 수 있을 것이다.

6. 체육교사의 인식 전환

최근 학교 체육이 위기를 맞고, 대안을 모색하기 위해 애를 쓰고 있지만 대부분의 교사들이 '어떻게 되겠지' 하는 무사 안일에 안주하고 있다. 위기에 대한 공감대가 형성되고 함께 대안을 찾으며 노력할 때 위기를 기회로 바꿀 수 있다.

무엇보다 체육교사들의 체육 수업에 대한 의식이 변해야 한다. 부단한 자기 연수와 노력이 절실히 요구된다. 일사분란하고 통일된 사고에서 벗어나 개성을 존중하며 다양성으로의 변화를 인정해야 한다.

체육교사들에게 다양한 연수 기회를 제공해 주어야 한다. 체육교사의 전문성을 신장시키기 위한 각종 연수회에서 실기 기능 중심의 연수보다는 ICT 활용, 남여혼성학급, 소규모 학급 등에 따른 다양한 교수학습 모형을 개발하고 적용하는 연수가 중심이 되어야 한다.

학교 체육수업을 잘하는 교사가 우수한 교사로 인정받는 학교, 사회적 풍토도 마련되어야 한다. 아직까지 체육교사에 대한 평가는 육성종목의 입상 실적 중심으로 이루어지고 있다.

학교 현장에서 보건교사나, 일반교과의 교사, 교감, 교장선생님들과의 관계에서도 체육교과의 중요성에 대하여 논리적으로 무장이 되어 있어야 하며 수업이나 업무 처리에서도 최고의 능력을 발휘하여 행동으로 실천해야 한다.

교육은 제도의 문제이기도 하지만 무엇보다 의식의 문제로 접근해야 해결이 쉬워진다고 믿는다.

7. 방과 후 체육활동의 활성화

왕성한 활동을 해야 하는 시기의 청소년들이 최근 운동량이 절대 부족한 처지에 있다. 현재의 운동부족을 해결할 수 있는 방안은 정규 수업시간 외에 방과 후 시간을 활용하는 방법이 유일한 대안이다.

그러나 현행 고등학교의 교육과정과 학교의 일과에서 방과 후 시간을 확보하기란 매우 어렵다. 토요일 오후나 토요 휴업일을 이용하여 종목별로 운동을 실시토록 권장하고, 분기나 학기단위의 클

럽 대항 경기로 교내외 대회를 개최함으로서 방과 후 체육활동을 활성화 할 수 있을 것이다.

학생들이 자율적으로 운영할 수 있도록 지도하고, 교사는 운영 방법, 분위기 조성, 장소 및 도구 제공 등에 대한 역할을 수행하면 된다.

학생들에게 운동에 관심을 갖게 하는 일이 체육교과의 중요성을 인식시켜 주는 계기가 될 것이다.

8. 마치면서

대한민국은 각종 국제 스포츠 대회를 통해서 세계적인 스포츠 강국으로서의 위상을 굳혔다. 그러나 미래의 주인공인 청소년들의 체력에는 적신호가 나타나고 있으며 이들의 건강을 유지 증진시켜 주어야할 학교 체육은 사회적 분위기, 입시중심의 교육제도 등으로 점점 위축되어가고 있다.

위기를 기회로 전환하기 위해 체육교사, 체육관련 단체 모두가 힘을 합쳐 노력해야 한다. 이를 위해 더 많은 토론회의 개최는 물론 사회적인 이슈로 발전시켜 학생, 학부모, 전문가, 정부 당국자 등이 참여하는 방송 토론회의 개최가 필요하다고 생각한다.

변화하는 시대에 맞는 체육교육에 대한 이론의 개발과 학생지도를 위한 학교 급과 성별에 따른 교수-학습 모형의 꾸준한 연구가 이루어져야 할 것이다.

학교 체육이 심신이 건강한 청소년 육성이라는 본래의 기능과 역할을 다하기 위해서는 제도의 개선과 함께 체육교사들의 의식이 변해야 하며 학생, 학부모 더 나아가 국민들의 체육교육에 대한 바른 이해와 인식을 갖도록 하는 일에 지속적인 노력을 기울여야 할 것이다.

2005. 6. 7

풀뿌리 체육, 흔들려서는 안 된다

대구 참사의 충격이 가시기도 전에 또 끔찍한 대형 사고가 발생했다. 어린 꿈나무들이 자신들의 꽃을 피워보기도 전에 어처구니없는 화재로 꿈을 접어야 했다. 사고 공화국의 진면목을 다시 한 번 확인시켜 준 사고라고 생각한다. 안전사고 불감증이 또 한 번 노출된 인재라는 점에서 충격이 더욱 크다.

이번 사건을 계기로 학교의 엘리트 체육이 다시 도마위에 올려질 전망이다. 안타깝게도 학생들의 소질계발과 특기의 신장 그리고 체육진흥을 위해서 연중무휴로 묵묵히 일하는 감독교사와 지도자들에게 불똥이 튀어 또 한 번 사기를 떨어뜨릴까 두렵다. 사회 전반에 깔려있는 사고 불감증과 시스템의 문제에서 원인과 대책을 찾도록 해야 할 것이다.

오늘날 우리나라는 세계적으로 스포츠 강국의 위상을 떨치고 있다. 올림픽과 아시안게임 그리고 월드컵 등 국제적인 스포츠 행사를 성공적으로 개최해 냈음은 물론 많은 종목의 선수들이 세계 정상권의 실력을 갖추고 있으며 다양한 분야에서 국위를 크게 선양하고 있다. 지난해 월드컵 경기를 통해서 국민을 하나로 묶을 수 있던 스포츠의 위대한 힘도 풀뿌리 체육인 학교 체육이 근간이었음은 부정할 수 없다.

학교의 엘리트 체육은 과정이 무시되고 오직 결과에만 일희일비될 수밖에 없는 구조적인 모순점을 안고 있다. 스포츠의 장에는 승자와 패자가 공존하게 마련이다. 개인의 발전을 위해서도 그렇고 학교와 향토의 명예를 위해서도 성적이 중심이 될 수밖에 없고, 상급학교 진학에도 성적이 절대적인 영향을 미치고 있다. 따라서 학교 육성 종목의 선수들은 경기에서 이기기 위한 방법을 연중 쉼없이 익힐 수밖에 없는 것이다.

학교의 엘리트 체육 중 단체팀은 대부분 합숙소를 가지고 있다. 경기력을 향상시키고 선수들을 효율적으로 관리하기 위해 합숙소를 마련하고 공동으로 생활하고 있는 실정이다. 이번 사건을 계기로 합숙소의 운영을 금지토록 하는 것보다는 선수들이 마음 놓고 편리하고 안전하게 이용할 수 있도록 제대로 관리하는데 역점을 두고 체계적인 선수 관리 시스템을 개발해야 할 것이다.

일부 협회에서는 학교 엘리트 체육의 문제점을 개선하기 위해 학업성적이 일정 수준에 도달해야 대회에 출전 할 수 있는 자격을 주는 제도를 검토 중이라는 보도가 있었다. 여기에도 문제는 있다. 학교에서는 한 가지만 잘하면 성공할 수 있다며 학생들의 소질을 계발토록 하고 있다. 박찬호, 이형택, 박세리가 학교 성적이 좋아서 세계적인 선수가 된 것은 결코 아닐 것이다. 특정한 운동 종목에 뛰어난 기량을 가진 학생이 학업성적이 떨어진다고 해서 대회 출전 자격을 제한한다는 것은 또 다른 모순을 갖게 된다. 따라서 성적이 기준이 아니라 일정한 학교 공부의 과정을 이수토록 하는 제도가 필요하다고 생각 한다.

　이번 사건을 타산지석으로 삼아 더는 대형 사고가 우리나라에서 발생하지 않고, 학교 체육이 위축됨 없이 더욱 활성화 시킬 수 있는 대안이 마련되기를 기대해 보면서 유명을 달리한 어린 선수들의 명복을 빈다.

2003. 3. 31

 # 예·체능 평가방법 개선, 현장 무시한 탁상 행정

사교육비 절감 차원에서 예·체능 교과의 평가방법을 개선해야 겠다는 교육인적자원부의 대통령 보고가 파문을 던지고 있다. 지금 까지의 '수·우·미·양·가' 평가가 아닌 서술형 또는 패스형으 로 평가를 하게 한다는 것이다.

교육인적자원부에서 진단한 오늘날 사교육비가 많이 들어가는 원인이 입시과목에서도 제외되어 있는 예·체능과목 때문이라니 황당하기 짝이 없다. 서울의 일부 지역의 경우를 인정한다고 해도 국영수의 주지교과에 비하면 조족지혈에 불과할 것이다.

일부 지역의 몇몇 사례들을 가지고 마치 전체의 문제 인양 침소 봉대하는 자세에도 문제가 있지만 제7차 교육과정에서 더욱 설자 리를 잃고 있는 예·체능교사들의 입지를 전혀 고려하지 않고 현 장과 동떨어진 탁상행정의 표본이라는 점에서 우려하는 바가 크다.

요즘은 전쟁을 해도 미국의 이라크 공격에서 보았듯이 외과 수

술을 하듯 먼 거리에서 목표물을 정확하게 겨냥해서 타격하는 시대에 살고 있다. 현대전을 정보전이라 부른다. 목표물에 대한 정보를 정확하게 얻어야 효과적인 공격을 할 수 있기 때문이다. 이라크전에서 미국은 잘못된 정보로 엉뚱한 건물을 공격하는 우를 범하기도 했다. 교육인적자원부가 타산지석으로 삼아야 하는 부분이라고 생각한다.

교육인적자원부에서는 예·체능교과의 평가 방법 개선에 대한 현장 교사들의 목소리에 귀 기울여 오른팔이 썩어가고 있는 환자에게 멀쩡한 왼팔을 절단하려는 오류를 중단하고 오히려 삶의 질 향상이라는 측면에서 예·체능교과의 교육을 더욱 강화하는 방안을 제시할 것을 기대한다.

2003. 5. 12

보건안전

# 수상안전, 행복한 여름을 보내자

금주부터 초·중·고등학교가 모두 여름방학에 들어갔다. 학교생활로 심신이 찌든 우리의 미래인 청소년들이 모처럼 대자연과 함께 호흡하며 지낼 수 있는 계절이 되었다. 장마전선이 북상 중이긴 하지만 올 여름도 여전히 이상기온의 폭염이 수은주를 끌어올릴 것이란 예고가 있다. 따라서 산으로, 들로, 강으로, 바다로 피서를 떠나는 계절이기도 하다.

피서의 계절에 연일 TV에 오르내리는 익사 사고 소식은 우리들의 마음을 아프게 하고 더운 날씨를 더욱 후덥지근하게 만들고 있다.

여름철 익사사고의 원인은 여러 가지가 있다. 그 중에 첫 번째가 충분한 준비운동을 하지 않고 급하게 물에 들어가는 것으로 분석되고 있다. 땀을 흘릴 정도의 체조와 스트레칭을 하고 심장으로부터 먼 곳부터 물 축임을 하고 천천히 물에 들어가야 한다.

다음은 술을 마시고 물에 들어가기 때문이다. 술은 판단력을 흐리게 만들고 물에 대한 지나친 자만심을 갖게 하며 신체의 균형을 무너뜨려 운동기능을 제대로 발현하지 못하게 한다. 따라서 술을 마시고 물에 들어가는 것은 화약을 지고 불 속으로 뛰어드는 것과 조금도 다를 바가 없다.

수영은 안전요원이 상주하는 해수욕장이나 실내 수영장에서 하는 것이 바람직하다. 자연환경인 강이나 계곡에서 수영을 할 때는 물살이 세지 않고 역류가 없는 곳이어야 하며, 물의 깊이가 일정하고 깨끗한 곳이어야 한다. 뿐만 아니라 수영을 할 때는 절대 혼자 하는 일이 있어서는 안 된다. 위험으로부터 어떤 조력도 받을 수 없기 때문이다. 이밖에 친구들과 물에서 심한 장난을 하는 것도 위험을 자초하는 일이 된다. 식사 직전·직후 물에 들어가는 것도 위험하며 피로하거나 신체가 허약한 사람은 수영을 삼가 해야 한다.

가끔 TV뉴스를 통해서 물에 빠진 아들을 구하러 들어간 아버지가 함께 익사했다거나, 동생을 구하러간 형이 함께 익사했다는 가슴 아픈 소식을 접하게 된다. 물론 수영 미숙이라든가 준비되지 않은 상태에서의 갑작스런 입수에서 오는 사고일 수도 있다. 하지만 더 큰 원인은 수영에 자신이 없는 사람이 물에 빠진 사람을 직접 구조하려 하기 때문이다. 물에 빠진 사람은 의식이 없고 오직 살아야 한다는 육체적인 본능만 남아 있게 마련이다. 때문에 구조하러 온 사람이 손에 잡히기만 하면 초인적인 힘을 발휘하여 끌어안아 버리게 되어 구조자와 익수자가 함께 물에 빠져 대형사고로 연결된다. 따라서 직접 구조하고자 할 때는 수영에 능숙한 솜씨가 있는 사람만이 가능함을 잊어서는 안 된다.

물에 빠진 사람을 구조할 때 가장 이상적인 방법은 막대기, 로프, 튜브 등의 보조물을 이용하는 간접구조가 바람직하다. 또한 혼자 구조하려고 애를 쓰는 것보다 주위에 '사람 살려!' 라고 큰 소리로 외쳐 사고를 알리는 것도 매우 중요하다. 물에 빠진 사람을 구조해 냈을 때는 신속하게 인공호흡을 실시해야 한다. 인공호흡의 효과를 높이기 위해서는 한 사람은 입김을 불어 넣어주고 다른 한사람은 가슴을 눌러 심장을 마사지 해주면 회복속도가 빠를 것이다.

매년 우리고장의 강에서는 십여 명 안팎의 피서객들이 물놀이를 하다 익사하는 사고가 일어나곤 한다. 금년에는 인명손실이 없도록 군민 모두가 유의해야함은 물론 관계 기관에서도 안전요원의 정기적인 순찰과 위험 장소에 대한 철저한 단속을 강화해야 할 것으로 믿는다. 또한 다리 공사와 골재 채취 등의 작업 후에는 반드시 정지작업을 실시하여 강에 웅덩이가 생기지 않도록 해야 한다. 피서철의 익사사고, 우리 모두 관심을 가지면 얼마든지 줄일 수 있다.

2002. 7. 22

 # 절주하며 건강하게 삽시다

지난 1월말 텔레비전 뉴스에 의하면 우리나라는 2002년 국민1인당 술 소비량이 세계에서 2위를 차지했다고 한다. 뿐만 아니라 위스키의 소비도 매년 증가 추세에 있고, 위스키를 제조하는 나라에서는 우리나라를 최고의 수출 대상국으로 꼽고, 판매 전략을 세우고 있는 실정이라는 반갑지 않은 소식도 있다.

우리나라는 무엇이든지 최고를 좋아하는 정서가 강해 어쩌면 1위를 놓친 것이 안타까울 수도 있다. 하지만 술에 의해 국민과 나라가 병들어가고 있음을 깊이 인식하지 않으면 안 된다. 술로 인해 자신의 건강은 물론 가정이 파탄되고, 사회가 어두워지고, 나라경제가 힘들어진다는 사실을 쉽게 지나쳐서는 안 될 것이다.

술은 적당히 마시면 혈액순환을 원활하게 해주고, 에너지 대사에 도움이 되는 등 유익한 점도 있다고 전문가들은 말한다. 그러나 조금만 과음을 해도 판단력, 기억력, 집중력, 주의력이 떨어지는 등 정신 작용을 둔화시키며, 기억상실, 착각, 혼미, 지각 마비 등으로 신체 협응운동에 장애를 일으키고, 신경과민증, 위장장애, 간 경화, 동맥경화, 순환계 질환 등의 각종 질병의 일으키게 한다.

술은 이성을 잃게 하고 정신 건강을 해친다. 각종 범죄의 단초를 제공하기도 한다. 정상적인 상태에서는 쉽게 이해하고 양보할 수 있는 일도 술에 취하게 되면 욕설과 폭력을 사용하게 된다. 대부분의 사건사고가 술과 깊은 상관관계가 있다.

교통사고에서도 음주운전으로 인한 사고가 많은 비중을 차지하고 있다. 음주 후 운전을 하게 되면 자신의 안전은 물론 다른 사람의 안전을 해치고, 자신의 가정과 다른 사람의 가정이 파괴되는 불행을 초래한다. 뿐만 아니라 음주로 인한 교통사고는 대형사고로 이어진다는 사실도 기억해야 한다.

백화점 조사에 의하면 명절 때 최고의 선물로 꼽히는 것이 최고급 양주라고 한다. 어쩌다 이지경이 됐는지 모르겠다. 우리 것이 세계적인 것이며, 우리 것이 좋은 것이고, 우리 것이 최고라는 자부심을 가져야 한다.

청소년의 음주는 더 큰 사회적 문제를 야기 시킨다. 청소년의 음주가 사회적 문제로 대두된 것이 어제오늘의 이야기가 아니다. 하지만 고등학생 정도면 술을 먹어도 된다는 매우 위험한 생각을 하는 어른들이 많이 있다. 청소년 교육은 모든 어른들이 관심을 가지고 지도할 때만이 그 성과를 높일 수 있다. 청소년 음주 문제는 단속보다 예방에 역점을 두고 청소년에게는 술을 판매하지 않으려는 어른들의 성숙한 의식이 필요하다.

따지고 보면 인간사회에서 술은 필요악이라고 할 수 있다. 따라서 술을 없앨 수는 없을 것이다. 술을 자제하면서 적당히 마시는

습관, 타인에게 피해를 주지 않으려는 건전한 음주문화가 우리 사
회를 밝고 건강하게 만들 것이다.

2003. 3. 3

사스, 공포가 아니라 극복의 대상

　미국의 이라크 공격에 뒤이어 발생한 괴질 「사스」가 세계를 공포에 떨게 하고 있는 가운데 우리나라도 예외일 수는 없는 모양이다. 그동안 사스의 안전지대로 자랑해 오던 우리나라에 지난달 29일 중국 어학연수를 다녀온 40대 남자가 사스로 추정되는 판정을 받기에 이르렀다.

　「사스」로 불리는 중증급성호흡기증후군은 중국 광둥성, 홍콩, 베트남 하노이 등에서 발생하여 전 세계로 확산되고 있는 질환으로서 일부 코로나라는 보고도 있지만 아직 정확한 원인 병원체가 확인되지 않았고, 정확한 전파 경로나 잠복기를 알 수가 없다. 세계보건기구와 각 국에서는 치료 백신을 개발하기 위해 앞을 다투어 노력하고 있지만 현재까지는 특효약을 개발하지 못하고 있는 원인 불명의 괴질이기도 하다.

　「사스」는 발병 초기에 38℃ 이상의 고열이 발생하고 오한, 두통, 전신 쇠약감, 근육통이 동반되기도 하며 3~7일 후 객담이 없는 마른기침, 호흡곤란 등의 증상을 보이고 일부 환자에게서 폐렴, 호흡곤란 증후군이 발생하여 기계호흡이 필요한 경우도 있다. 사스는 호흡기를 통해서 급속도로 전염이 된다는 데에 문제의 심각성이 있다. 치료를 담당하는 의사와 간호사에게까지 무차별적으로 전염이 되는 무서운 현대 인류의 최악의 질병이다.

「사스」는 정확한 병원체를 알 수 없어 백신이나 예방약은 없다. 현재로서는 광범위 항생제나 항 바이러스제 치료를 하고 있으며 스테로이드 병행치료를 하기도 하지만 아직 효과적인 치료법이 정해지지 않은 상태이다. 예방법은 가급적 외국여행을 자제하고, 사람들이 많이 모이는 곳에 가지 않는 것을 권유하고 있다. 외출 뒤 집에 돌아오면 반드시 손발을 씻고, 양치질하는 습관을 갖는 등 개인위생을 철저히 하여야 한다.

만약 사스로 의심되는 경우 먼저 가까운 의료기관을 방문하여 의사의 진료를 받고 의심환자와의 접촉관계를 알려주고 해당 지역 보건소에 즉시 알려 적절한 진단과 치료를 받아야 할 것이다.

세계보건기구를 비롯한 세계 각 국 정부에서는 불철주야 사스의 퇴치를 위해 노력하고 있다. 하지만 정부차원에서 현재의 전염 환자들과 의심 환자에 대한 철저한 격리와 치료를 통해서 우리 국민들이 안전하고 편안하게 삶을 영위 할 수 있도록 하는 노력을 기울여야 할 것이다. 또한 방역 대책을 국가에만 의존할 것이 아니라 개개인의 노력 또한 함께 이루어져야 효과를 높일 수 있을 것이다.

정부는 물론 우리 고장의 보건소에서도 완벽한 방역 시스템을 갖추고 철저한 대민 홍보 등을 통해서 군민들이 안전하게 생업에 전념할 수 있도록 필요한 모든 조치를 취해야 할 것이다.

국민들은 평소에 운동을 통해서 질병으로부터의 저항력을 높여 놓아야 한다. 한사람이 한 가지 이상 운동을 평생체육으로 하면 좋을 것이다. 거창한 운동보다 걷기, 달리기, 등산 등 가벼운 운동이 더 좋다. 건강은 건강할 때 지켜야 하는 것은 만고불변의 진리이다. 사스의 위험으로부터 벗어나 건강한 삶, 활기찬 대한민국을 건설해야 할 것이다.

2003. 5. 5

 도로 위의 스케이트, 안전을 지켜주자

요즘 골목마다 인라인 스케이트를 타는 어린이들을 자주 목격하게 된다. 자동차 운전을 하다보면 갑자기 튀어 나오는 어린이들로 인하여 깜짝깜짝 놀라곤 한다. 많은 운전자들이 경험했을 것으로 믿는다.

아무런 보호 장구를 갖추지 않은 어린이들이 때와 장소를 가리지 않고 도로 위를 질주하는 아찔아찔 한 모습을 볼 때마다 가슴을 쓸어내리곤 한다. 롤러스케이트를 타는 어린이들은 스피드, 급정지, 회전 등 다양한 묘기를 연출하고 싶은 충동을 갖고 있어 더욱 위험하기 짝이 없다.

롤러스케이트, 인라인 스케이트, 최근 인기를 얻고 있는 신발에 바퀴가 달린 힐리스 신발, 킥보드 등 어린이 들이 즐겨 타는 롤러의 종류도 매우 다양하다. 뿐만 아니라 이를 즐기는 층도 어린이에서부터 청소년, 청년에 이르기까지 그 폭이 매우 넓게 형성되어 있다.

　요즘 어린이들이 갖고 싶은 물건 중의 하나가 인라인 스케이트로 조사되었고, 신발에 바퀴가 부착된 힐리스는 없어서 못 팔정도라는 보도가 있었다. 어린이들은 골목이 아닌 넓은 장소에서 자신들의 무한한 미래를 향해 마음껏 달리면서 큰 꿈을 꾸고 싶은 욕망을 갖고 있다. 그러나 우리 지역의 어느 곳에도 어린이들이 마음 놓고 안전하게 스케이트를 탈 수 있는 곳이 없다. 따라서 그들은 궁여지책으로 아파트의 골목과 도로 위를 달릴 수밖에 없는 것이다.

　어린이들의 꿈과 희망을 키워주기 위해서 어른들이 해야 할 일이 있다. 그들의 안전을 지켜주는 일이다. 어린이의 보호자는 헬멧은 물론이고 무릎과 팔꿈치의 보호대를 반드시 착용시키고 안전한 곳에서 스피드를 즐길 수 있도록 지도해 주어야 한다. 그리고 어른들은 어린이들이 전문적으로 스케이트를 즐길 수 있는 장소를 만들어 주려는 노력들을 게을리 해서는 안 될 것이다.

　최근 강변에는 각종 체육시설들이 들어서고 있다. 그러나 대부분 어른들을 위한 시설들뿐이다. 어린이들이 마음 놓고 스피드를 즐길 수 있는 전문 롤러 및 인라인 스케이트장을 마련해 줄 것을 강력하게 촉구한다.

　미래에 대한 투자를 아낌없이 할 때 우리의 미래는 희망적일 수 있다. 우리의 미래인 어린이들을 위해, 청소년들을 위한 놀이 공간을 만들어 주어야 한다. 그들이 건강하고 건전한 사고와 품행을 지니도록 어른들이 지혜를 모아야 한다.

　우리나라는 안전 불감증에 심각하게 걸려 있는 환자와 같다. 대형 사고가 발생 할 때마다 방제 시스템에 대한 논란이 뜨겁다가도

시간이 조금만 지나고 나면 금세 잊어버리곤 한다. 우리 속담에
‘소 잃고 외양간 고친다’ 는 말이 있다. 우리의 미래인 어린이들이
사고를 당하기 전에 그들의 안전을 지켜주려는 어른들의 노력이
절실히 필요한 때이다.

2003. 6. 2

철저한 위생관리로 조류독감을 예방하자

지난해 「사스」공포가 인류를 크게 위협하더니 금년에는 새해 벽두부터 「조류독감」이 아시아 지역에 걷잡을 수 없이 확산되면서 불안감을 가중시키고 있다. 특히 베트남에서 「조류독감」에 의한 첫 사망자가 발생하면서 더 큰 공포의 대상으로 다가오고 있다.

「조류독감」의 심각한 문제는 현재의 의학과 과학으로는 아직 백신이 개발되지 못하고 있다는 사실이다. 뿐만 아니라 「조류독감」의 인플루엔자가 철새 등을 통해 경계구역 없이 급속도로 세계전역으로 번질 위험성이 높다는 것이다. 따라서 세계보건기구와 각국에서는 앞을 다투어 치료법 개발과 대책을 강구하고 있지만 아직은 완전한 퇴치에 미치지 못하고 있어 백신이 개발 될 때까지는 원인을 제거하고 확산을 방지하려는 노력만이 유일한 대안이라는 점이다.

「조류독감」은 날개 달린 동물에 발생하는 질병이지만 이 질병이 인플루엔자를 갖고 있는 사람에게 감염이 되면 변형 인플루엔자가 되어 생명을 위협받게 되며, 이를 통해 사람에서 사람으로 전염되는 매우 위험한 상황이 전개되는 최악의 사태가 될 수도 있다. 「조류독감」이 사람에게 옮겨지는 것을 차단하는 것이 현재로서는 가장 시급한 과제이다. 「조류독감」의 인플루엔자는 영하의 낮은 온도에서는 오랫동안 존속되나 70도 이상의 높은 온도에서는 완전히 소멸되는 것으로 조사되었다. 따라서 조류 음식은 완전하게 익혀서 먹는 습관을 길러야 한다.

동남아시아의 일부 국가들은 「조류독감」이 발생하자 이를 국제사회에 숨겼다가 더 큰 화를 불러일으키고 국제적인 망신을 당했다. 따라서 무엇보다 조기에 발견하고 조기에 대처하는 방법이 필요하다. 조금이라도 이상 증세가 나타나면 즉시 관계기관에 알려서 격리하여 치료하는 일이 중요한 것이다. 가축도 이상증세가 나타나면 과감하게 도축하여 원인을 초기에 제거해야 할 것이다.

모든 질병은 발생 후 치료보다 철저한 사전 예방관리가 필요하다. 우리나라라고 해서 언제까지나 안전지대일 수만은 없다. 관계기관에서는 신속한 정보의 제공과 함께 철저한 역학조사를 하면서 방역활동을 강화해야 할 것이다. 또한 국민들은 평소 개인위생에 각별한 신경을 쓰고 외출 후 귀가해서는 손발을 깨끗이 씻도록 해야 하며 신체의 저항력을 기르기 위해 평소 운동으로 체력을 길러야 할 것이다.

인류는 신의 영역인 생명연장을 위해 질병과의 끊임없는 싸움을 전개해 오고 있다. 새로운 질병이 발생할 때마다 치료법을 개발하여 퇴치해 왔다. 불치의 병이라는 결핵도 완전히 퇴치 된지 오래고, 암도 이제는 조기에 발견하면 얼마든지 치료가 가능하며, 인류의 최대질병이라는 에이즈도 곧 퇴치가 될 것으로 전망되고 있는 가운데 새로운 질병들이 속속 발생하고 있는데 대한 원인 분석을 게을리 해서는 안 될 것이다.

가장 큰 원인은 환경의 파괴와 무관하지 않을 것이란 생각이다. 매일 공장의 굴뚝에서 하늘로 치솟고 있는 연기나 자동차의 매연 등을 통한 대기오염, 화학세제를 통한 수질오염, 음식물 찌꺼기 등도 주범임에 틀림없다. 자연은 인간에게 받은 관심과 애정만큼 대가를 인간에게 돌려준다는 점을 명심해야 한다.

「조류독감」은 두려움의 대상이 아니라 극복의 대상이다. 건강하게 오래 사는 것이야말로 삶의 질을 결정짓는 첫 번째 요건이 될 것이다. 질병 없는 대한민국을 만들도록 국민 모두가 함께 노력해야 한다.

2004. 2. 2

해빙기 안전사고에 유의해야

　때 아닌 폭설이 전국을 엄습했다. 도로가 막히고 여기저기서 대형사고가 발생하고 있다. 자연의 위대한 힘을 다시 한 번 실감하게 된다. 포근한 날씨가 계속되다 갑자기 찾아온 눈과 추위에 미처 준비하지 못한 무방비 상태가 사고를 키웠다. 다행이 우리 고장에서는 이렇다 할 큰 사고가 없는 것으로 파악되고 있다. 이러한 현상은 이상 기온 현상의 대표적인 사례이다.

　여름철의 장마와 태풍, 겨울철에 눈이 오지 않는다든가 갑자기 많은 눈이 내리곤 하는 이상 기온 현상이 자주 일어나는 배경에는 개발이라는 이름으로 대기오염을 비롯한 환경의 파괴와 무관하지 않을 것이다. 자연 재해를 맞을 때마다 환경의 보존과 보호에 대하여 다시 한 번 깊이 생각하게 된다. 자연과 환경은 반드시 인간으로부터 받은 만큼 되돌려 준다는 점을 명심해야 할 것이다.

　이제 시기적으로 이번 추위와 눈이 녹게 되면 어쩔 수 없이 봄을 맞게 될 것이다. 벌써 대지에는 봄기운이 기지개를 켜고 있다.

얼어붙었던 대지가 풀릴 때 각종 안전사고가 우려된다. 주지하다시피 안전사고는 예고가 없다. 평소에 철저하게 대비하며 안전 생활을 하는 예방만이 피해를 줄일 수 있는 유일한 방법이다. '돌다리도 두드리면서 건너라' 는 선조들의 지혜가 필요한 시점이다.

해빙기의 안전사고 예방은 우선 우리의 주변에서부터 위험요소를 찾아 해결해야 한다. 옹벽과 울타리를 비롯해 건축물과 도로, 교량 등이 요주의 대상이다. 뿐만 아니라 작은 곳에서부터 큰 관심을 가져야 한다. 어떤 대형사고도 원인과 출발점은 작은 곳에 있다. 다리와 도로 등과 같이 주민의 힘으로 해결하기 어려운 큰 것은 관계기관에 의뢰해서 대처해 가는 방법이 지혜로운 방법이 될 것이다.

해빙기의 사고는 땅속 또는 얼어붙었던 물체의 내부에서부터 차츰 시작되므로 눈으로는 확인하기가 어려운 특징이 있다. 따라서 위험스럽다고 의심이 가는 곳에 대해서는 철저하게 안전시설을 갖추면서 해빙기 안전사고에 방비를 해야 한다. 혼자서 힘들면 이웃과 공동으로, 그래도 어려우면 마을 단위로 준비를 하면 좋은 방비가 될 수 있을 것이다.

우리는 여기저기서 발생하는 각종 안전사고에 대하여 곧잘 남의 일이라고 생각하기가 쉽다. 그러나 모든 사고는 언제든지 우리의 주변서 나의 사고로 이어질 수 있다는 점을 잊어서는 안 될 것이다. 그리고 사고가 날 때마다 언론에서는 대서특필하고, 관계기관에서는 점검을 강화하는 등 경각심을 불러일으키지만 시간이 조금만 지나면 언제 그런 사고가 있었느냐는 듯 쉽게 잊어버리는 습관이 있음을 경계해야 할 것이다.

　한사람의 작은 부주의가 많은 인명과 재산의 피해를 입히는 모습을 우리는 너무나 많이 보아왔다. 철저한 대비와 작은 것도 쉽게 생각하지 않는 생활습관에서부터 우리의 안전은 지켜질 수 있을 것이다. 안전사고의 가장 큰 적은 방심이다. 국민 모두 안전한 해빙기를 보내고 따뜻한 희망의 봄을 맞이하기 바란다.

2004. 3. 8

식품을 대상으로 한 범죄,
용서될 수 없다

쓰레기 단무지로 만든 불량만두가 전국을 강타한지 며칠 되지 않아서 이번엔 유통기한이 지난 김치를 주원료로 하는 라면이 등장해 국민들에게 충격을 던져주고 있다. 동서고금을 통해 사람이 먹는 식품을 대상으로 범죄를 저지르는 사람들에게는 극형으로 다스리고 있다. 너무나 당연한 조치이다.

검찰과 국립농산물품질관리원이 6월 10일 밝힌 단속 내용을 보면 이제 우리나라에는 마음 놓고 먹을 수 있는 음식이라고는 거의 찾아보기 어렵게 되었다는 것을 알 수 있다. 지난해에는 중국에서 들여오는 꽃게에 무게를 늘리기 위해 납덩이들이 들어있었으며, 순 국산 고춧가루 100%라고 표시된 고춧가루는 중국산도 국내산도 아닌 정체불명의 고추씨가 40%였고, 임산부의 산후조리에 좋다는 호박액과 호박죽도 베트남과 뉴질랜드산 수입 호박을 썼다고 한다.

지난달 5월 19일에는 운동장에 깔거나 얼어붙은 도로에 염화칼

슢대신 뿌리는 공업용 소금을 식용으로 유통시킨 수입업자와 이 소금으로 젓갈을 만들어 판 식품가공업자가 붙잡혔고, 지난 2월에는 인체에 치명적인 해를 입히는 납땜과 공업용 본드가 묻어나는 불량 떡시루를 만들어 판 업소와 이 불량 시루를 다시 공업용 본드로 수리하여 떡을 만든 사람들이 단속에 걸리는 등 먹는 음식을 대상으로 한 엽기적인 사건들이 곳곳에서 발생하여 국민들을 불안하게 하고 있다.

신토불이란 노래를 불러 히트한 가수가 있다. 정말 좋은 노랫말이다. 하지만 우리 몸에는 우리 농산물이 좋을 것이라는 소비자들의 기대 심리를 이용하여 돈을 벌려는 얄팍한 상술이 판을 치고 있다. 어쩌다 이 지경까지 되었는지 모를 일이다.

남이야 어찌되었든 어떻게 해서든지 돈을 벌수만 있다면 수단과 방법을 가리지 않는 상술을 보면서 몇 년 전 MBC TV에서 방영되었던 「상도」라는 드라마가 새삼 생각난다. 정당한 방법으로 부를 축적하지 않으면 돈을 벌 수 없고, 설사 많은 돈을 모았다하더라도 곧 무너질 수밖에 없다는 철칙을 묘사하고 있었음을 상업하는 사람들은 기억해야 할 것이다.

최근 발생하고 있는 우리의 식탁이 위협을 받는 사태는 국민들에게 불신감을 조장하게 됨은 물론 대외 신용도가 더욱 떨어지게 마련이다. 이렇다 할 천연 자원이 없는 우리나라는 어쩔 수 없이 3차 산업에 의해 경제를 살려야 하는 처지임은 주지의 사실이다. 국제적으로 신뢰를 잃게 되는 일은 곧 국제 경쟁력도 떨어지게 되는 일임을 기억해야 한다.

정부에서는 철저한 단속과 검사를 통해 음식물을 대상으로 범죄

를 일으키는 사람들을 발본색원 하고 관련 당사들을 일벌백계 하
여 다시는 식품을 대상으로 죄를 저지르는 사람이 없도록 해야 할
것이다. 우리나라에서는 어떤 음식이든지 마음 놓고 먹을 수 있게
되는 나라가 되기를 기대해 본다.

2004. 6. 1

 # 건강을 위해 몸무게를 줄이자

얼마 전 미국의 미시건주에 있는 한 회사에서는 사원들에게 몸무게를 줄이지 않으면 퇴사시키겠다고 으름장을 놓았다고 해서 화제가 되고 있다. 기업하기 좋고 어느 나라보다 평등을 최고의 가치로 여기고 있는 선진국에서의 이야기로는 도저히 이해하기 힘든 조치이다. 뿐만 아니라 이 회사에서는 담배를 피우는 사람은 아예 사원 모집대상에서 제외시킨다고 한다. 가혹한 처사 같지만 이러한 조치에는 사원들의 건강을 걱정하는 CEO의 사려 깊은 배려가 있음을 기억해야 한다.

비만은 곧 성인병의 직접적인 원인이다. 고혈압과 뇌졸중 등의 질병을 동반한다. 조사에 의하면 우리나라 성인들의 비만률이 매년 1.5%정도씩 증가하고 있다고 한다. 현대인들은 편리한 생활을 추구하면서 운동량이 절대 부족하기 때문에 비만증세가 나타나기 마련이다. 적당한 체중을 유지하는 것이 건강을 유지 · 증진시키는 일이다.

　　일부 여학생들은 음식을 먹지 않음으로서 체중을 감량하려는 생각을 갖는 경우가 있는데 이러한 자세는 매우 위험한 생각이다. 청소년들이 몸매를 아름답게 가꾸기 위해 체중을 줄이는 것은 매우 조심스럽게 접근해야 한다. 성장기의 청소년은 영양을 충분히 섭취해야 한다. 영양을 적당히 섭취하고 알맞은 운동을 통해 체중을 줄여 가는 것이 중요하다.

　　요즘 웬만한 집에는 운동기구 하나씩은 마련되어 있다. 물론 운동에 도움이 되는 것은 당연하다. 하지만 막힌 공간에서의 운동보다 탁 트인 건물 밖에서 신선한 공기를 마시며 운동을 하는 것이 더 큰 운동효과를 가져온다는 점을 잊어서는 안 될 것이다.

　　흡연자의 흡연은 자신의 건강은 물론 타인의 건강까지도 해치게 된다는 데에 문제의 심각성이 있다. 최근 공공장소에서의 금연 구역이 점차 늘어나고 있다. 타인의 건강을 해치는 데에 따른 부득이한 조치일 것이다. 흡연은 중독성이 매우 강해 담배에 있는 건강에 대한 경고나 담배 값을 인상하는 정도의 조치로서는 금연 운동에 한계가 있다.

　　특히 최근 청소년들의 흡연율이 매우 높아지고 있다. 따라서 흡연자에게 취업을 제한한다든가, 상급학교 진학에서 불이익을 주는 등의 조치가 필요하다고 생각한다. 청소년들의 흡연율을 줄이기 위해서는 무엇보다 어른들의 관심이 중요하다. 청소년들에게 담배를 판매하지 않도록 하는 것이 우선되어야 할 것이다. 여러 가지 연구 결과에 의하면 점차 사람들의 수명이 늘어난다고 한다. 2050년쯤에는 평균수명이 120세까지도 가능하다는 이야기가 심심찮게 거론되고 있다. 사실여부를 떠나 수명의 연장이 중요한 것이 아니라 얼마나 건강하게 사느냐가 더 중요한 과제임을 인식해야 한다.

　비록 외국에서의 이야기지만 사원의 건강을 지켜주려는 기업가의 사려 깊은 조치가 부럽다. 사장은 사원들에게 쾌적한 작업환경을 만들어 줄 의무와 책임이 있다. 쾌적한 작업환경은 사원들의 건강증진은 물론 일의 능률에도 크게 기여하게 될 것이다. 따라서 이러한 조치는 회사와 회사원 모두를 위한 좋은 사례가 될 수 있을 것이다. 그러나 결국 자신의 건강은 자신이 지켜야 한다는 점을 강조하고자 한다.

2005. 2. 7

청소년문화

 마약으로부터 청소년을 보호하자

청소년들의 우상인 연예인들이 마약과 관련된 루머가 사실로 확인되고 인기 스타들이 잇달아 구속되어 사회적으로 물의를 빚고 있다. 뿐만 아니라 최근 들어서는 전직 국회의원을 포함해서 대학교수 등 사회 지도층 인사들이 대마초 흡연 등으로 구속되는 등 사회적으로 큰 충격을 주고 있어 가치의 혼돈을 초래하고 있다.

마약은 종류가 다양하고 인지와 감각의 장애를 일으킬 뿐만 아니라 범죄의 요인이 되는 해로운 물질로서 습관성이거나 중독 되게 되면 정신적으로 황폐해지는 무서운 존재라는 것을 모르는 사람은 없을 것이다.

향락을 추구하는 그릇된 문화에 심취하게 되면 결국 개인은 물론 가정과 나라가 몰락을 당할 수밖에 없음은 동서고금의 역사적 사실들에서 쉽게 찾을 수 있다. 특히 공인의 신분인 연예인들과 사회 지도층 인사의 마약 복용은 청소년들에게 미치는 영향이 윤리적, 사회적으로 엄청나게 크다는 데에 문제의 심각성이 있다.

요즘의 청소년들은 각종 유혹으로부터 쉽게 자신을 지켜내지 못하는 나약한 의지가 곳곳에서 발견되고 있어 작금의 상황이 매우 걱정스럽게 생각된다.

최근 일련의 사건들은 우리나라도 이제 더는 마약으로부터 안전지대가 아니라는 우려가 현실로 나타나고 있다. 특히 과거 우리고장에서도 대마초와 관련된 사건들이 있었음을 간과해서는 안 될 것이다. 따라서 우리 고장도 우리지역 청소년들에게 더는 마약의 안전지대가 아니라는 점을 유념해야 할 것이다.

마약에 대한 근본적인 대책을 정부차원에서 세워야함은 물론 언론매체를 통한 홍보교육이 강화되어야 할 것이다. 약물복용으로 인한 폐해와 부작용을 어려서부터 가르치고 건강하고 건전한 가치를 지닌 청소년을 기르도록 모두가 관심을 가져야 할 때이다.

또한 솜방망이 식의 가벼운 처벌도 마약을 우리 사회로부터 추방하는데 장애요인으로 작용하고 있음을 관계기관에서는 알고 있어야 한다. 마약복용으로 구속되었거나 사회적으로 물의를 일으킨 연예인들이 언제 그런 일이 있었느냐는 듯 큰 규제 없이 쉽게 활동을 계속하고 있는 것도 한 번쯤은 심각하게 생각해 봐야 할 문제라고 생각한다.

우리나라 청소년들의 흡연율 또한 심각한 상황에 있다고 한다. 흡연은 마약의 전 단계라는 입장에서 청소년의 흡연에 대한 대책도 시급히 마련되어야 한다고 본다. 유해물질인 담배와 본드를 청소년들이 쉽게 구입할 수 있는 유통구조에 대해서도 정부 차원의 깊은 연구가 이루어져야 할 것으로 생각된다. 뿐만 아니라 우리 지역의 업소만이라도 청소년에게는 담배와 본드를 판매하지 않겠다는 결연한 의지의 표현이 있어야 할 것이다.

　마약에 대한 대처를 미온적으로 하게 되면 이용자는 기하급수적으로 늘어나게 될 것이다. 가정적으로나 국가적으로 호미로 막아도 될 것을 가래로 막느라 분주를 떠는 우를 범하지 않았으면 좋겠다.

　지구촌의 스포츠 축제인 한일 월드컵이 두 달여 앞으로 다가왔다. 세계인의 눈과 귀가 우리나라와 일본에 집중될 것이다. 모든 국민들은 국가대표 축구선수들의 16강 진출을 염원하고 있다. 그러나 이에 앞서 세계 속의 한국으로 우뚝 서는 우리의 모습에서 마약의 어두운 그림자는 찾아볼 수 없는 세계 제일의 깨끗하고 건강한 나라라는 이미지를 전 세계에 과시해 보았으면 하는 소망을 가져 본다.

　건강한 고장, 깨끗한 사회, 부강한 나라를 만들기 위해 온 국민이 마약을 추방하는 일에 앞장서야 할 것이다.

2002. 4. 29

# 청소년에게 바른 성 가치관을 키워줘야

지난 주 한국 순결 협회에서는 중·고등학교 청소년을 대상으로 성 의식과 관련된 설문 조사를 실시하고 그 결과를 발표했다. 어느 정도 예견되기는 했지만 발표된 결과가 충격을 주고 있다.

조사 결과에 의하면 여자 청소년들의 58%정도가 임신이 되었을 때 낙태하겠다는 의견을 보였으며, 이미 성 경험이 있는 청소년들도 남자 24%, 여자 16%로 나타났고, 여자 청소년들의 경우 용돈을 마련하기 위해 성 경험을 한 경우가 많은 것으로 발표되었다.

여자 청소년들의 낙태에 대하여 절반이 넘게 찬성하고 있다는 것은 우리 사회의 생명 경시 풍조가 그대로 반영 된 것으로 풀이된다. 생명은 이 세상에서 가장 존귀한 것이라는 인식의 바탕 위에서만이 인간존중의 풍토가 마련될 수 있을 것이다.

이미 청소년들의 성 문제는 미혼모, 원조교제 등으로 사회적 문제가 심각하게 대두되기도 했지만 서구의 성 개방 풍조가 급속하게 확산되고 있음을 단적으로 보여주고 있다. 특히, 돈을 마련하기 위해 성을 도구로 삼는 청소년들의 행태는 성에 대한 잘못된 의식을 있는 그대로 보여주는 안타까운 현상이다. 물론 여기에는 어른들의 책임이 더 크다는 점을 지적하지 않을 수 없다. 자신들의 욕구를 충족하기 위해 어린 청소년을 대상으로 하는 성 매매나 범죄는 더욱 무겁게 처벌해서 더는 우리 사회에 뿌리내리지 못하도록 하는 사직당국의 강력한 조치가 있어야 할 것이다.

청소년은 나라의 미래이다. 어린 청소년들이 성에 대한 바람직한 가치관을 갖지 못하고 무분별하게 성에 대한 잘못된 의식을 고착화 시켰을 때 전개 될 훗날의 엄청난 사회적 문제가 가정이나 국가를 파탄으로 몰고 갈 수도 있음을 주지해야 한다.

청소년들의 우상인 유명 연예인이나 스포츠 스타들의 그릇된 애정행각과 염문설, 이혼 등의 기사로 연일 스포츠 신문을 뒤덮는 사회현상 속에서 청소년들의 성에 대한 바른 가치관을 갖게 하는 데는 한계가 있음을 절감한다.

우리는 곧잘 청소년문제를 접할 때마다 남의 집 아이의 문제려니 하고 쉽게 생각하는 경향이 있다. 이런 생각은 정말 위험한 생각이다. 내 아이의 문제일 수도 있다는 접근만이 청소년 문제를 해결하는 지름길이 될 것이다.

그리고 청소년들이 성과 관련된 지식을 올바르게 이해하고 인식함으로써 성에 대한 건전한 태도를 확립하고, 청소년기 시절은 물론 나아가 사회생활과 가정생활을 행복하게 만들도록 해주어야 하는 것이 우리 성인들의 책임임을 명심해야 한다.

따라서 청소년들이 바른 성 의식과 가치관을 갖도록 모두가 노력해야 할 것이다. 학교에서는 성교육을 강화하고 있다. 하지만 성

문제는 학교 교육만으로 해결될 수 있는 성질의 것이 결코 아니다.
가정, 학교, 사회, 국가가 발 벗고 나서서 관심과 애정을 갖고 지혜
와 힘을 모을 때만이 바람직한 효과를 기대 할 수 있을 것이다.

2002. 12. 23

# 청소년들에게 놀 권리를 돌려주자

요즘 초·중 고등학교 학생들은 건국 이래 가장 긴 겨울방학을 보내고 있다. 학교에 따라 봄방학이 없어졌기 때문이다. 긴 방학을 이용해서 부족한 과목의 보충도 하고, 마음껏 뛰어 놀며 친구도 사귀고, 특기도 신장하며, 취미생활을 하면서 재충전의 기회로 활용해야 한다.

하지만 우리나라는 세계적으로도 유례없는 뜨거운 교육열로 인해 학부모들은 방학의 진정한 의미와 기능을 외면한 채 방학기간을 이용해서 오로지 자녀들의 학력을 신장시키는 데에만 혈안이 되어 있다. 따라서 아이들에게 오직 공부만을 요구하며 이 학원 저 학원으로 내몰고 있는 실정이다.

그런데 지난주 유엔의 아동권리위원회에서 한국이 아동의 권리를 침해하고 있다는 지적을 해서 충격을 주고 있다. 유엔의 아동권리위원회는 한국의 청소년들이 공부 때문에 유엔 아동권리협약이 규정한 '휴식과 여가의 권리'를 침해받아 정신적, 신체적으로 건강하게 자라지 못하고 있다고 지적하면서 이의 개선을 권고해 온 것이다.

초등학교 시절부터 쉴 틈도 없이 1인당 3~4개의 과외를 받아야 하는 과열 과외 현상에다 학원에 가기 싫어 자살하는 어린이까지 나오고 있는 우리나라의 비정상적인 교육현실을 제대로 꿰뚫어 본 지적이라 생각한다.

한 때 정보화 지식기반사회라며 한 가지만 잘해도 대학에 갈 수 있고, 사회생활에서도 성공할 수 있다던 목소리가 국민적 환영을 받았던 시절이 있었다. 그러나 제도가 뒷받침되지 못하면서 청소년들과 학부모들에게 혼란만 가중시켜 놓고 어디론가 슬쩍 사라져 버린지 오래고, 욕심 많은 학부모님들은 자신들의 자녀들을 다재다능한 만물박사를 만들기에 혈안이 되어 있다.

어른들은 청소년들에게 꿈을 가지라고 말하지만 그들은 꿈을 꿀 틈이 없다. 우리네 청소년들은 생각 없이 달리도록만 채찍질 당하고 있기 때문이다. 꿈은 동화, 동시의 세계를 경험하고, 동서고금 불후의 명작을 읽으며, 또래 친구들과 어울려 뛰어 놀고 대화하며, 시간적 여유를 가질 때 꿀 수 있는 것이다. 시간적 여유를 많이 가지고 꾸는 꿈일수록 크고 아름다울 수 있다. 시간에 쫓기며 꾸는 꿈은 이루어 질 수 없는 허황된 꿈이며 결국 개꿈으로 끝나고 말 것이다.

정부의 정책과 제도도 중요하겠지만 무엇보다 중요한 것은 학부모님들이 욕심을 줄이고, 의식을 전환하는 일이다. 남을 제쳐야 내가 산다는 경쟁력 강화에만 몰두 할 것이 아니라 남과 더불어 살아가는 방법을 터득하도록 가르쳐야 한다. 진정으로 사랑스럽고 귀

여운 자식이라면, 자식의 풍요로운 미래를 위한다면 학부모부터 변해야 할 것이다.

　청소년들에게 「놀 권리」를 돌려주고 어른들도 좀 더 인간답게 살 수 있는 사회를 만들어 국제사회로부터 더는 망신을 당하는 일이 없었으면 좋겠다.

2003. 1. 27

# 청소년의 건강을 지켜 주자

젊음을 상징하는 청소년의 달, 싱그러운 5월이다. 어느 때보다 미래의 희망인 청소년들에게 큰 관심을 가져야 할 때이다. 지난 3월 교육인적자원부는 전국 480개 초·중·고교생 12만 명의 체격·체질검사 결과를 발표했다.

이 발표에 의하면 10년 전인 92년보다 남학생은 평균 2.99cm, 여학생은 2.18cm가 더 커진 것으로 나타났으며, 몸무게도 남학생은 4.54kg, 여학생은 2.40kg이 더 늘어난 것으로 나타났다. 즉 신장이 커지고 몸무게가 뚱뚱해진 것이다. 뿐만 아니라 앉은키는 남학생 0.86cm, 여학생 0.27cm의 증가 폭을 보여 키의 증가 폭에 크게 못 미치는 것으로 나타났다. 하지장이 길어져 신체의 구조가 점차 서구화 되어가고 있음을 알 수 있다. 이와 같이 체격이 커지고 있는 것은 올림픽과 월드컵 등 국제적인 스포츠 행사를 통해 국민들이 체육에 관심을 갖기 시작했고, 운동을 생활화하고 있는 것에 기인하고 있다. 뿐만 아니라 밀가루 음식과 우유, 육류 등의 충분한 영양의 섭취를 통한 식생활개선이 큰 영향을 미쳤음을 알 수 있다.

그러나 초·중·고등학교 학생 42.3%가 시력이 0.7 미만의 근시인 것으로 조사되었다. 이러한 결과는 10년 전에 비해 근시 비율이 2.3배나 늘어난 것이라서 청소년의 체질 및 건강관리에 비상이 걸리고 있음을 알 수 있다.

시력이 이렇게 급격히 나빠지게 된 원인으로는 컴퓨터를 비롯한 미디어매체의 사용 시간이 증가한데서 찾을 수 있을 것이다. 또한 영양섭취가 불균형을 이루어 비타민이 부족한데서도 원인을 찾을 수 있다.

이밖에도 표준 체중을 50% 이상 넘는 '고도비만'은 1000명 중 8명 정도이며, 충치와 치주 질환은 59.4%로 10년 전에 비해 10% 포인트나 증가했고, 중이염 등 귀 질환은 0.42%, 비염 등 코 질환은 1.53%, 편도선 비대 등 목 질환은 2.98%로 각각 증가된 것으로 나타났다. 이상의 결과로 보아 요즘 청소년들에게 잔병이 많아졌음을 알 수 있다.

이처럼 청소년들의 체질이 점차 약화되고 있는 것은 운동의 부족과 지방질·당분의 과다섭취 등 잘못된 식습관, 환경 공해, 과도한 텔레비전 시청, 장시간 컴퓨터 사용 등의 생활환경이 변한데서 그 원인을 찾을 수 있을 것이다.

따라서 청소년들에게 충분히 뛰어 놀 수 있는 시간과 공간을 마련해 주는 일이 시급하다. 가정은 물론 학교 급식을 통해서라도 균형 있는 영양을 섭취할 수 있도록 해야 하며 텔레비전과 컴퓨터의 사용시간을 줄이고 올바른 사용방법을 익히도록 지도해 주어야 할 것이다.

　또한 병이 나거나 불편해야만 건강에 이상이 있는 것으로 생각하는 건강에 대한 그릇된 인식의 개선도 필요하다. 돈을 잃으면 일부를 잃고, 명예를 잃으면 절반을 잃으며, 건강을 잃으면 모두를 잃는다는 말을 곱씹어 보아야 할 것이다. 건강은 건강할 때 지켜야 한다. 특히 청소년의 건강은 평생을 살아가는 기초가 됨은 주지의 사실이다. 따라서 어른들이 나서서 지켜 주어야 한다.

2003. 5. 1

 # 담배 값 인상보다 금연교육이 필요

　보건복지부에서는 흡연인구를 줄이고 건강한 사회 풍토 조성을 위한 방안으로 담배 값을 1,000원씩 인상하겠다고 발표했고, 재정경제부에서는 물가의 인상을 들어 반대하는 입장을 발표했다. 같은 행정부 내에서도 정책의 조율을 제대로 하지 못하는 듯한 모습에서 국민들의 혼란은 더욱 가중 될 수밖에 없을 것이다.

　우선 담배 값을 인상하면 흡연인구가 감소할 것이라는 예상은 탁상행정의 전형적인 모습이라고 생각한다. 그동안 담배 값을 인상할 때마다 흡연인구의 감소를 기대해 왔지만 반대로 그때마다 꾸준히 증가해 왔다. 따라서 담배 값의 인상은 서민들의 어려움만 더욱 가중시키는 결과를 초래하게 될 것이 분명하다.

　재정경제부의 발표에 의하면 담배 값 1,000원의 인상이 전체 물가의 0.75% 이상의 인상 효과를 가져 올 것이라는 발표를 하고 있다. 현재의 담배 값에 비하면 60~100%에 가까운 인상이 되므로 가히 혁명적인 인상률이라고 할 수 있겠다. 가뜩이나 경제가 바닥을 맴돌고 있는 상황에서 담배 값의 인상은 서민들의 허리띠를 더욱 졸라매게 하는 결과를 낳게 될 것이 뻔하다.

뿐만 아니라 담배 값의 인상은 새로운 청소년 문제를 초래하게 될 것이다. 단순하게 생각하면 담배 값이 오름에 따라 특별한 수입원이 없는 청소년들의 흡연이 크게 감소할 것으로 추측할 수 있을 것이다. 그러나 청소년들은 자신들의 욕구를 충족시키기 위해 수단과 방법을 가리지 않는 특성을 지니고 있음을 간과한 예측이다. 오히려 비싼 담배를 구입하기 위한 수단으로 새로운 청소년 문제가 야기 될 수도 있음에 유의해야 한다.

흡연인구의 감소를 위해서는 담배 값 인상이라는 엉뚱한 대책보다 담배의 폐해를 알리는 지속적인 교육과 홍보를 실시해야 할 것으로 생각한다. 이의 연장선에서 금연구역의 확대와 철저한 단속을 실시할 때 흡연인구가 줄어들고 건강한 사회를 만들 수 있을 것이다.

한때 폐암으로 사망한 이주일씨의 금연광고가 큰 반향을 일으킨 적이 있었다. 그러나 언제부터인가 슬쩍 자취를 감추고 말았다. 금연과 관련된 교육과 홍보는 각종 미디어 매체를 통해서 연중 지속적으로 실시해야 금연 인구를 줄이는데 어느 정도 효과를 얻을 수 있을 것으로 판단된다. 청소년들이 선호하는 인터넷을 통한 홍보와 교육이 바람직 할 것이다.

특히 청소년들이 흡연을 줄이기 위해서는 학교와 가정 그리고 정부와 사회가 함께 관심을 가져야 한다. 학교는 철저한 금연교육을 실시하고, 부모님께서도 자녀와의 대화를 통해서 담배의 폐해를 아려주고, 정부에서는 청소년 금연을 위한 정책을 개발하고, 사회

적으로는 청소년들에게 담배 판매를 하지 않으려는 노력을 기울여
야 할 것이다.

 담배는 청소년들에게 백해무익하지만 성인 애연가들에게는 필요
악과 같은 존재이다. 또한 세수를 확보하는 데에도 크게 기여하고
있음은 부정할 수 없는 사실이다. 따라서 애연가들의 입장도 어느
정도 배려가 되는 정책의 입안이 절실하다고 생각한다. 서로를 배
려할 줄 아는 사회가 건전한 민주사회를 건설하는 지름길임을 잊
어서는 안 될 것이다.

2003. 8. 4

핸드폰 문화를 바꾸자

지난 11월 17일 실시한 2005학년도 대학입학 수학능력시험 중 광주광역시에서 핸드폰을 이용한 부정행위가 적발되어 사회적 파장을 불러일으키고 있다. 핸드폰을 이용한 부정에 무려 140여명이 넘는 학생들이 가담했다는 사실에 경악을 금할 수가 없다.

우리나라는 핸드폰에 관한한 자타가 인정하는 최첨단 국가이다. 세계제일의 성능과 최고의 디자인을 자랑하는 핸드폰을 생산하고 있다. 이러한 핸드폰의 발전은 우리 인간 사회에 엄청난 변화와 함께 새로운 문화를 만들어 냈다. 사람들이 있는 곳에는 어른과 아이를 가리지 않고 핸드폰이 있다. 편리함의 극치를 보여주고 있는 모습이다.

길을 걸으며 전화를 하고, 운전 중에도 전화를 해 위험이 가중되고 있으며, 공공장소에서도 여기저기에서 벨소리가 울리고, 전화를 받고 게임을 하며 문자를 송신한다. 유괴범에게 납치되거나 긴급한 상황 속에서 유용하게 이용할 수도 있다. 그러나 이러한 순 기능

못지않게 역기능에 대해서 간과해서는 안 된다. 특히 청소년 즉 학생들에게 있어서의 핸드폰은 사회적으로는 물론 교육적으로도 많은 문제점을 내포하고 있다.

핸드폰을 통해서 무분별한 상업성 광고가 판을 쳐 청소년들의 가치관을 어지럽히고 다양한 범죄에도 이용되고 있는 실정이다. 어른들도 낯 뜨거운 문자와 목소리가 때와 장소를 가리지 않고 여과 없이 수시로 보내져 온다. 그러나 어린 학생들이 가장 받고 싶은 선물 중의 하나가 핸드폰이다. 그 만큼 핸드폰은 우리의 실생활과 밀접한 관계를 맺고 있다.

학교에서의 핸드폰은 더욱 그 폐해가 심하다. 요즘 청소년들을 가리켜 엄지문화라고 말한다. 핸드폰의 문자 송신을 엄지손가락으로 처리하기 때문이다. 양손이나 한손으로 문자를 송신하는 모습 보고 있으면 절로 혀가 차진다. 그 빠르기가 대단하다. 수업 시간 중에도 선생님 몰래 문자를 통해서 친구들과 대화를 나눈다. 핸드폰을 책상 속이나 주머니 속에 넣고 한 손으로 문자를 보내기 때문에 선생님들의 통제를 교묘하게 피해 간다. 따라서 학습에 집중력이 떨어질 수밖에 없다.

핸드폰은 꼭 필요할 때만 사용하는 도구이어야 한다. 전화하는 예절과 문자를 보낼 때 정자로 보내는 올바른 습관을 지속적으로 학교와 가정에서 교육을 통해 지도가 이루어져야 할 것이다. 청소년들에게 핸드폰을 사주는 경우에는 사용료에 정액제를 이용해 무분별하게 핸드폰을 사용하는 일이 없도록 사전에 예방할 수 있다.

이번 수능 시험에서 청소년들이 한 순간의 유혹과 실수로 평생을 그르치는 일이 있어서는 안 될 것이다. 그렇다고 범죄 행위를 옹호하자는 것은 아니다. 대상이 앞날이 창창한 청소년이라는 데서의 염려이다. 국가와 법이 관용을 베풀 것으로 믿는다. 그리고 앞으로는 이러한 황당한 사건이 발생하지 않도록 사전에 차단하고 예방하려는 어른들의 노력이 있어야 할 것이다.

정보화 지식기반사회를 살아가는 현대인의 생활에 꼭 필요한 핸드폰이라면 정부에서는 TV 및 인터넷 등에 공익광고 등을 통해 바르게 사용할 수 있도록 지속적인 대국민 홍보와 교육을 실시해야 한다.

어린자녀에게 핸드폰을 구입해 주는 부모님들께서는 자녀들이 바르게 사용할 수 있도록 지도 감독을 철저히 해야 할 책임과 의무가 있음을 잊어서는 안 될 것이다. 무엇보다 어른들이 바르게 사용하는 모습을 청소년들에게 보여주는 것이 가장 큰 교육이다.

2004. 11. 29

~Day 문화와 청소년의 이해

지난 주 11월 11일을 '빼빼로데이'라 해서 많은 사람들이 우리나라의 제과회사들이 만든 빼빼로를 선물로 주고받았다. 작게는 낱개로부터 크게는 대형 상자에 이르기까지 선물을 주고받았다. 이러한 현상은 청소년과 어린 학생들 사이에서 선풍적인 바람을 불러일으키고 있으며, 벌써 여러 해 째 계속되고 있다. 이제 우리의 생활 속에 하나의 문화로 자리를 잡았다고 생각한다.

뉴스 보도에 의하면 '농민의 날' 등 다른 많은 기념일들이 '빼빼로데이'에 묻혀버렸다고 한다. 상업주의에 의해 인위적으로 만들어진 현상이라고 하지만 '빼빼로데이'는 우리의 생활에 자연스럽게 자리를 잡았다. 상업성이라는 면에서는 부정적인 측면도 있겠지만 더불어 살아가는 세상에서 작은 선물로 큰 정을 나눌 수 있는 계기가 된다는 점에서 순기능의 역할도 있다고 생각한다.

최근 들어 우리나라에는 달력이 연월일을 이용하여 기념일을 만드는 문화, 외국에서 들어온 국적불명의 문화가 판을 치고 있다.

발렌타인데이, 화이트데이, 로즈데이 등이 대표적인 그들이다. 외국의 문화라고 해서 무조건 나쁜 것은 아니지만 어떻게 우리문화와 접목시켜 우리 것으로 만들어 가느냐 하는데 고민이 있다고 생각한다.

우리나라에도 과거에는 없었던 외국에서와 같은 문화가 자리를 잡아가고 있다. 요즘 청소년들에게는 이성과 만난 지 백일, 이백일, 삼백일 등 백일 단위로 거창한 기념식을 하는 문화가 생겨나고 있다. 행사도 이벤트라는 이름으로 매우 다양하게 실시하고 있다. 과거의 기성세대들은 1년 단위의 '돌' 또는 '주년' 개념이었지만 디지털 시대의 특징인 '일' 단위의 문화가 만들어지는 것은 빠른 변화에 따른 시대적인 상황과 무관치 않고, 참을성과 인내심이 부족한 신세대들의 특성과 깊은 관계가 있는 것으로 보인다.

몇 해 전까지만 해도 고3학생들이 수능 시험일을 앞두고 몇 가지 엉뚱한 문화를 만들었었다. 백일 전에 술을 마시면 원하는 대학에 진학할 수 있다는 '백일주' 와 77일 66일 전과 같이 두 자리가 같은 숫자의 날에는 술을 마셔야 한다는 '땡 주' 가 있었다. 너무나 황당한 속설이었지만 수험생들 사이에서는 널리 유행되고 한동안 진행되었던 문화였다. 사회적인 병폐로 잘못된 문화를 없애는데 엄청난 에너지를 소모해야 했고 이제는 어느 정도 자취를 감추었다. 이렇듯 청소년들의 문화의 특성은 쉽게 만들어지기도 하고 쉽게 사라지기도 하지만 그만큼 기성세대들의 많은 관심과 적극적인 노력을 필요로 하고 있다.

어른들은 부모의 생일이나 조상의 기일을 기억하지 못하면서 연예인이나 프로선수인 스타들의 생일이나 인적사항을 꿰뚫고 있는 신세대들의 모습을 보면서 많은 걱정을 하고 있다. 그러나 걱정이 모든 문제를 해결해 주지는 않는다. 청소년들의 문화를 이해하고, 체험하면서 그들의 문화를 바른 문화로 정착시켜 나가려는 어른들의 노력이 절실히 필요한 때이다.

어느 사회단체에서 이러한 달력에 의한 기념일을 만드는 것에서 착안하여 10월 24일을 사과의 날로 정하여 ‘둘이 서로 잘못을 사과하는 날’로 만들어 효과를 보고 있다. 매우 바람직한 현상이라고 생각한다. 더 많은 연구와 노력으로 어른들과 청소년들이 함께 즐기며 참여하는 문화를 만들어가야 할 것이다. 현대인들은 문화의 충돌 시대를 살아가고 있다. 우리의 문화와 외국의 문화가 충돌하고, 기성세대의 문화와 신세대의 문화가 충돌하고 있다. 따라서 이러한 충돌을 통해 새로운 바람직한 문화가 창출되는 지혜가 발휘되기를 기대한다.

2005. 11. 16

스포츠일반

 # 장애인과 정상인은 평등하다

　지난주 항도 부산에서는 제14회 아시안게임에 이어 아시아·태평양의 장애인 체육대회가 성공적으로 개최되고 막을 내렸다. 장애인에 대한 편견에서 벗어나는 좋은 계기가 되었으면 한다. 세인들의 관심은 떨어지지만 몸이 불편함에도 불구하고 자신의 의지와 인내로 인간한계와 장애에 도전하며 열정을 쏟아 붙는 선수들의 진지한 모습에서 또 다른 진한 감동을 느껴 본다.

　OECD회원국으로 선진국 대열에 들어섰다는 우리나라에는 아직도 사회 곳곳에 장애인에 대한 편견이 남아 있다. 장애에는 선천적인 장애도 있지만 물질문명의 시대를 살아가는 우리에게는 각종 사고로 인한 후천적인 장애도 많이 발생하고 있다. 따라서 내가 아니면 주변의 가족이 언제 어떤 사고로 장애인이 될지 모를 일이다. 장애인에 대한 편견을 버리고 그들도 우리의 가족이며 이웃이고 동료로서 함께 더불어 살아가는 공동체라는 사실을 잊어서는 안 된다. 장애인에 대한 작은 배려가 그들에게는 큰 힘이 될 것이다.

　우리주변에는 장애인에 대한 편의시설이 잘되어 있지 않다. 특히 지방의 경우는 더욱 그렇다. 기껏해야 관공서나 학교에 장애인을 위한 시설과 주차장이 마련되어 있는 정도이다. 정부나 각급 기관과 사회단체에서는 장애인의 편의 시설을 설치해야함은 물론 장애인에 대한 정책을 최우선적으로 수립하고 실천해야 할 것이다.

그리고 무엇보다 장애인들을 괴롭히는 것은 시설이나 제도의 미흡함보다도 그들을 바라보는 정상인들의 곱지 않은 시선임을 우리는 기억해야 한다. 장애인들은 이번 체육대회를 통해서 정상인 못지않은 기량과 열정을 보여 주었다. 오히려 정상인들이 해내지 못하는 부분까지 그들은 해냈다. 장애인이 장애를 느끼지 못하며 살수 있고, 정상인과 장애인이 함께 더불어 살아가는 나라가 될 때 진정 살기 좋은 초 인류 복지국가, 선진국가가 될 것이다.

'장애는 불편하지만 불행하지 않다' 는 말이 있다. 오히려 다양한 분야에서 정상인 못지않게 능력을 발휘하며 떳떳하고 당당하게 살아가는 장애인들이 우리 주변에는 많이 있다. 일본의 오토다케 히로타다는 그이 저서「오체 불만족」에서 어떤 시련도 행복의 기회일 뿐, 불가능은 없다고 했다. 장애인 스스로도 자기 비하의 편견에서 벗어날 필요가 있다고 본다.

신체가 건강하다고 모두 정상인이라고 보아서는 안 될 것이다. 신체적인 장애보다 정신적인 장애가 더 큰 사회적 문제를 야기 시킨다. 요행을 바라는 한탕주의, 나 밖에 모르는 이기주의, 물질만능주의 등으로 가득 차 있는 사람들은 정신장애가 있는 사람들이다. 혹, 나 스스로 건전한 사고와 행동을 하고 있는지 다시 한 번 자신을 돌아볼 필요가 있다.

부산 아·태 장애인 체육대회가 주는 메시지는 그들만의 잔치가

아니라 장애인에 대한 편견을 우리사회에서 추방하고 정상인과 장
애인의 평등을 추구하는 장애인들의 몸부림이라고 해도 지나침은
아닐 것이다.

2002. 11. 4

자만심이 키운 패배

2002 세계농구선수권대회에서 농구 종가이며 자타가 공인하던 세계 최강 미국 농구팀이 자신의 안방에서 연패를 당하며 종이호랑이 신세로 전락하고 말았다. 드림팀이라는 말이 무색해져 버렸다.

미국 농구팀은 NBA 최고의 선수들로 팀을 구성하여 출전했지만, 지난 5일 아르헨티나에게 패한 충격을 딛지 못하고, 6일 다시 유고팀에게 역전패 당하며 4강에도 진출하지 못하는 이변을 연출하였다.

그동안 미국 농구팀은 국제대회 58연승이라는 화려한 전적의 금자탑을 쌓아왔으며, 어느 팀도 넘보지 못하는 철옹성을 구축하고 농구 강국으로서의 면모를 유감없이 발휘해 왔다. 하지만 미국 농구팀은 '스포츠 세계에 영원한 승자는 없다'는 말을 다시 한 번 입증시켜주는 희생양의 수모를 당하고 말았다. 또한 정상을 정복하기도 힘들지만 정상을 지키기란 얼마나 더 힘든가를 여실히 보여준 좋은 사례를 제공하였다.

그렇다면 무너질 것 같지 않던 미국 농구가 저토록 초라하게 무너진 배경은 무엇인가. 미국은 그들 최대의 적이 내부에 있음을 파악하지 못하고 있었다. 출전하기만 하면 연승을 거두는 자신들을 상대할 팀은 어디에도 없다는 자만심이 팽배해 있었고, 패배라는 말은 자신들과는 거리가 먼 용어라며 방심하고 있었다. 따라서 그들은 땀 흘려 노력하지 않았다.

꿈을 꾸는 것은 좋다. 큰 꿈일수록 좋다. 하지만 그 꿈을 이루기 위해서는 뼈를 깎는 고통과 자신의 노력이 수반되어야 함을 잊는다면 그 꿈은 한낱 개꿈에 지나지 않을 것이다. 꿈이 일장춘몽으로 끝나지 않고 현실로 이루어지도록 하기 위해서는 부단한 노력이 뒷받침되어야 한다.

우리는 지난 6월 한·일 월드컵대회를 통해서 꿈을 현실로 만드는 방법을 배웠다. 목표를 설정하고 계획을 세워 차근차근 실천해 가며 하루에 1%씩의 가능성을 만들어 가면 이루지 못할 일은 아무것도 없다는 가능성과 자신감을 찾았다.

자신감과 자만심은 사뭇 다르다. 자신감은 의욕을 갖게 해 성취동기를 높여주지만, 자만심은 나태와 게으름을 부추겨 추락의 빌미를 제공한다.

정상에서 무한질주를 했던 미국 농구선수들의 초라한 퇴장의 뒷모습을 보면서 씁쓸함을 느껴본다. 스포츠뿐만 아니라 모든 분야에서 타산지석으로 삼아야 할 것이다.

2002. 9. 12

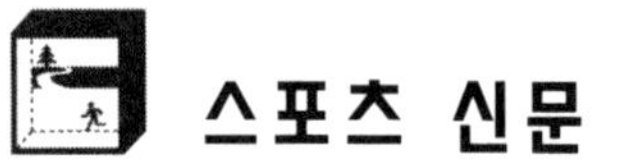

스포츠 신문 보기가 두렵다

　우리나라에는 많은 스포츠 전문 신문이 있다. 스포츠신문은 스포츠기사만을 다루지 않는다. 오히려 연예인들과 관련된 기사가 더 많은 지면을 차지하고 있는 실정이다. 따라서 연예인을 무작정 좋아하는 감수성이 예민한 초등학교 어린이에서부터 중·고등학교 학생들도 즐겨보는 신문이 바로 스포츠신문이다.

　그런데 유력 일간 스포츠신문들은 요즘 경쟁적으로 포르노에 가까운 사진과 기사 그리고 만화를 싣고 있어 가정에서 스포츠신문을 보기가 두렵다.

　1면에 톱기사로 연예인들의 사랑, 마약, 불륜 등이 다루어지기는 예사이며 남녀의 음란한 사진을 모자이크 처리도 없이 그대로 적나라하게 싣고 있어 눈살을 찌푸리게 한다. 일부는 모자이크 처리를 한 흔적이 있긴 하지만 너무 가식적이어서 하나마나이다.

　가정에서 아이들과 함께 보기 위해서는 대단한 용기가 필요하다. 물론 현대사회는 성을 감추고 금기시하는 시대는 아니다. 하지만 어느 때보다 바른 성 의식이 필요한 시대이다. 특히 청소년기에서의 성에 대한 바른 가치관을 지니도록 하는 일은 무엇보다 중요하다.

학교마다 성교육을 강화하고 있으며, 정부에서도 청소년을 보호하기 위해 영화나 만화 그리고 소설에 이르기까지 내용에 따라 등급을 분류해서 나이에 따라 볼 수 있도록 제한하는 것도 그 노력의 일환이다.

신문을 만드는 회사의 입장에서 보면 상업성과 흥행성이 가장 중요하다. 하지만 지나치게 연연하여 공익에 미치는 효과를 간과해서는 안 된다. 인터넷을 비롯한 각종 미디어 매체를 통해 무차별적으로 성인대상의 음란물이 쏟아지고 있는 가운데 오프라인의 신문까지 가세한다면 이 나라의 미래인 청소년들이 바른 가치관을 형성하기란 매우 어려울 것이다.

신문에도 등급을 표시해야 할 처지가 되었다. 청소년을 보호하기 위한 특단의 조치가 마련되어야 할 것이다. 정부의 규제보다도 각 신문사의 자정 노력에 더 큰 기대를 걸어본다.

국민의 알권리를 충족시켜 가면서, 어린이와 청소년을 함께 생각하는 스포츠신문으로 거듭나길 기대해 본다.

2002. 12. 26

 # 스포츠의 성대결과 양성평등

지난주 5월 23일 여자 골프선수인 「에니카 소렌스탐」이 남자 프로 골프선수들의 PGA에 도전, 미국의 텍사스 주 콜로니얼 골프장에서 성대결을 벌여 세기의 관심을 끌었다.

스포츠의 역사를 보면 여성들이 경기장에 모습을 드러낸 것은 그리 오래 되지 않았다. 고대 올림픽 경기에서는 여성들은 경기에 참가할 수 없는 것은 말할 것도 없었고, 경기장에 들어가 구경하는 것조차 신의 노여움을 사서 나라가 망한다는 이유로 허락되지 않았다. 최근의 각 스포츠 경기장마다 함성을 지르는 오빠부대들을 생각하면 많은 변화를 실감하게 된다.

그러나 고대올림픽 후반부에 경기장 출입이 허용되긴 했지만 여자들이 본격적으로 경기장에 선수로 출전하기 시작한 것은 근대 이후였다. 처음에는 육상, 체조 등 몇몇 종목에 국한했었으나 이후 남자들의 전유물이라고 생각하던 일부 격렬한 구기종목은 물론 격투기에 이르기까지 전 종목에 걸쳐 경기에 참가하고 있다. 뿐만 아니라 끊임없이 남자의 기록에 도전해 오고 있으며, 최근에 와서는 남자들과 성 대결을 외치기에까지 이르렀다.

1973년 미국에서 「빌리진 킹」이라는 여자 테니스 선수가 「보비 릭스」라는 남자선수와의 경기에서 3 : 0으로 승리했고, 1999년에는 「마거릿 맥그리거」라는 여자 복싱선수가 「초우」라는 남자 선수와 성 대결을 하여 심판전원일치의 판정승을 거두었다. 모두 여자 선수들이 승리하여 팬들의 호기심을 자극하기에 충분했지만 지금까지의 성 대결은 주최측의 흥행을 위한 불평등한 대결이었던 것이다.

테니스의 경우 여자 선수가 30세인 반면 남자 선수는 55세였고, 복싱 경기의 여자 선수는 키가 165cm인 반면 남자는 157cm로 승마의 기수 출신인 약골 중의 약골 선수였다.

남녀가 같은 조건에서의 성 대결은 아직 여자가 남자의 상대가 되지 못하고 있다. 세계 여자 테니스계를 석권하고 있는 「윌리엄스」형제가 남자 랭킹 203위인 선수와 시합을 했으나 상대가 되지 못했고, 이번에 성 대결을 벌인 「에니카 소렌스탐」이 남자 골프의 황제인 「타이거 우즈」와 시합을 했으나 참패를 당했다.

남자와 여자는 태어날 때부터 신체적, 생리적 구조가 확연히 다르다. 따라서 스포츠에서 남녀의 성 대결은 흥밋거리는 될 수 있겠지만 경쟁 자체는 무의미하다고 생각한다.

참여정부에 네 명의 여성장관이 입각하고 사회 전반에서도 양성의 평등을 위한 목소리가 높아지고 있다. 양성평등은 너무나 당연한 외침이다. 그러나 일정한 비율을 정해 놓고 인위적으로 채워 넣으려는 발상은 새로운 역 불평등을 초래할 위험성이 있음을 간과해서는 안 될 것이다.

여성들에게 다양한 사회활동에 참여하여 능력을 발휘할 수 있는 문호를 확대하고, 기회를 제공하되 남녀가 같은 조건에서 정당하게 경쟁할 때 진정한 양성평등이 실현될 수 있을 것이다. 남자와 여자는 경쟁의 상대가 아니라 더불어 살아가는 존재임을 기억해야 한다. 양성은 서로 부족한 부분을 채워가면서 힘을 합쳐 함께 살아가는 동반자일 때 가장 아름답게 마련이다.

2003. 5. 26

 대구 유니버시아드 또 하나의 축제

또 하나의 세계적인 스포츠 축제가 대구에서 팡파르를 울리며 막이 올랐다. 올림픽이나 월드컵 대회가 상업주의에 점차 물들어 가고 있는데 비해 유니버시아드 대회는 대학생의 스포츠 행사답게 스포츠 그 자체에 의미를 두고 있다. 이번 행사는 13개 종목에 사상 최대인 180개 국가에서 7,000여명의 젊은 대학생들이 참가하여 '하나가 되는 꿈'을 모토로 힘과 기를 겨루는 한편 뜨거운 우정을 나누고 있다.

이번 유니버시아드대회에는 지구상의 전쟁 또는 분쟁 국가인 이라크, 아프가니스탄, 동티모르, 팔레스타인, 이스라엘 등의 나라가 모두 참가한다. 또한 우여곡절 속에 북한의 대규모 선수단과 응원단이 참가하여 인류의 평화와 남북이 화합을 상징하고, 대회 운영 및 진행에 최첨단 시설을 동원해 IT 한국의 위상을 세계에 과시하는 대회이기도 하다.

스포츠는 살아있는 생물과 같으며 각본 없는 드라마로서 인간에게 환희와 감동을 준다. 그러나 이는 스포츠가 순수성을 유지할 때 가능한 일이다. 유니버시아드대회에서는 올림픽 경기와는 달리 육상, 체조, 구기 등 일부 한정된 종목만의 경기 개최를 고집하고 있는데 이는 대학생 스포츠가 상업성에 물들지 않고 순수성을 유지하기 위한 방법으로 최선의 자구책인 셈이다.

스포츠는 정치와 종교 그리고 인종과 이념으로부터 완전히 독립되어 있을 때만이 고귀하고 순수하며 아름다울 수 있다. 스포츠는 전쟁의 상흔을 치유해 주는 마력을 갖고 있으며, 흩어진 민족을 하나로 묶고, 세계의 다양한 인종과 민족을 지구촌 가족이라는 이름으로 보듬어 안을 수 있는 위대한 에너지를 갖고 있다.

그러나 동서고금의 위정자들은 기회 있을 때마다 스포츠를 자신들의 전유물로 생각하고 정치적으로 이용해 온 것이 사실이다.

스포츠를 정치에 이용한 대표적인 인물은 독일의 히틀러다. 일장기를 가슴에 달고 마라톤 우승을 한 손기정 선수의 아픈 기억이 남아 있는 제11회 베를린 올림픽은 게르만 민족의 우월성을 세계에 과시하기 위해 나치 정권에서 계획적으로 개최한 대회였다.

1988년 서울 올림픽이 올림픽 역사에서 위상을 높일 수 있었던 배경에는 서울 올림픽에 앞서 개최되었던 독일 뮌헨 올림픽과 캐나다의 몬트리올 올림픽이 인종 문제, 구소련의 모스크바와 미국의 LA 올림픽이 정치적인 이유 등으로 보이콧되거나 피로 물들었던 상처를 갖고 있었던 데 반해 서울 올림픽은 인종, 종교, 정치, 사상을 초월해 온 인류가 하나 되는 평화의 장을 마련했다는 데에 있었다.

우리나라에서도 5공화국 정권초기 국민들의 관심을 정치에서 스포츠로 전환시키기 위해 프로야구를 이용했다는 것은 웬만한 사람이면 다 아는 일일 것이다.

이번 대구 유니버시아드대회 개막을 앞두고 북한은 남측에서 8·15 광복절을 전후해 일부 단체에서 인공기와 김정일 위원장 사진을 불태웠다는 이유로 대회에 선수단을 참가시키지 않겠다고 으름장을 놓았다. 남쪽에서는 자칫 축제의 분위기나 대회의 의미가 반감되지나 않을까 염려하여 대통령이 유감을 표명하는 일이었다.

자신들의 뜻을 이룬 북한은 개막직전 선수단과 미녀 응원단을 보내왔다. 하지만 이 과정에서 대회를 준비한 사람들이 받았을 스트레스와 북한 선수들이 겪었을 고통은 가히 짐작이 가고도 남는다.

물론 스포츠를 통해서 평화를 증진시키고, 민족의 화합과 통일을 앞당기는 토대를 마련했다는 점에서 높이 평가받을 수 있겠지만 스포츠가 정치적으로 이용되었다는 점에서 씁쓸한 뒷맛을 느끼게 한다. 이는 앞으로도 스포츠를 정치적으로 이용할 가능성이 높다는 측면에서 우려되는 바가 크다고 하겠다.

우리와 같은 분단국가에서 스포츠가 갖는 의미와 비중은 대단히 클 수밖에 없다. 앞으로는 스포츠가 정치적으로 이용되지 않고 그 본래의 순수성을 유지하면서 화합과 평화를 다지는 수단으로서의 가치를 높여 가는 계기가 되기를 기대해 본다.

지금까지 개최해 왔던 각종 세계적인 대회의 성공 노하우와 국민적 관심을 바탕으로 대구 유니버시아드대회를 성공적으로 마무리해 다시 한 번 스포츠 강국으로서의 대한민국 위상을 한 단계 업그레이드시키고, 그 여세를 몰아 학교 체육 활성화는 물론 2014

년 평창 동계올림픽 유치를 성공시키는 기폭제가 되기를 기대해
본다.

2003. 8. 23

 # 태권도공원 유치, 강원도의 힘으로

문화관광부에서는 그동안 추진해온 태권도 공원설립 장소를 2004년도에 결정하겠다고 발표했다. 전국적으로 20여 개의 자치단체에서 유치 신청을 했고, 우리 강원도에서도 춘천시, 원주시, 강릉시에서 신청을 해 놓고 유치 경쟁을 벌이고 있다.

태권도는 우리나라 국기로서 대부분의 청소년들이 단련하고 있으며, 이미 올림픽 정식 종목으로 채택되어 세계적으로 널리 보급되어 있음은 주지의 사실이다. 따라서 태권도 공원으로 선정이 되었을 때 세계 속의 태권도 메카로 우뚝 서게 됨은 물론 이에 따른 경제적인 부가가치의 창출은 대단히 클 것으로 기대된다.

태권도 공원의 유치는 춘천이 되었든, 원주가 되었든, 강릉이 되었든 반드시 우리 강원도에 유치되어야 한다. 강원도에 태권도 공원이 설립되어야 하는 당위성은 다음과 같다.

첫째, 강원도는 한반도의 중심이라는 사실이다. 남북으로 분단된 현실 속에서는 최북단의 위치에 있지만 통일 시대에는 강원도가 남북을 아우르는 중간지대가 된다. 국가 차원의 국책사업이 근시안적으로 결정되어서는 안 된다. 통일 이후의 미래를 내다보는 안목이라는 측면에서 접근해야 할 것이다.

둘째, 강원도는 수도권 지역 주민의 상수원 보호라는 입장에서 각종 개발에 많은 제한을 받고 있다. 이렇다 할 공장 하나 들어설 수 없는 처지이다. 강원도가 재정 자립도에서 타 시·도에 비해 낮을 수밖에 없는 주된 원인이기도 하다. 또한 강원도는 한반도에 신선한 공기와 맑은 물을 제공하는 허파와 신장과 같은 역할을 맡고 있음은 누구도 부정하지 못할 것이다. 앞으로도 강원도는 규제 속에서 첨단과학의 무공해 공장만이 설립이 가능할 것이다. 따라서 국민적 배려라는 차원에서도 청정 강원도에 태권도 공원이 설립되어야 하는 것은 너무나 당연하다.

셋째, 강원도는 태권도 발달의 역사적인 배경이 되는 지역이다. 태권도를 심신 단련의 수단으로 가장 활발하게 활용했던 신라의 화랑도들이 심산유곡이 많은 강원도의 산하에서 호연지기를 길렀음은 자명한 이치이다. 따라서 강원도에 태권도 공원이 유치되는 것이 역사적 정통성과 깊은 관계가 있음을 인식하여야 한다.

그러나 이러한 외침만으로는 공허한 메아리로 끝날 수 있다. 다른 시·도의 자치 단체들은 사활을 걸고 유치전을 전개하고 있는 실정이다. 우리 강원도에서도 보다 능동적이고 적극적으로 대처해야 할 것이다.

먼저 유치 신청을 하고 있는 강원도의 춘천시, 원주시, 강릉시 세 개 자치단체 중 하나로 단일화해야 유치의 가능성을 높일 수 있다. 우리 지역이라는 소지역주의를 버리고 강원도라는 보다 큰 틀에서 유치전을 전개했을 때 경쟁력을 높일 수 있다. 지금과 같이 분산된 힘으로는 유치전에 여러 가지 어려움이 예상된다. 필요하다면 여론 조사 방법 또는 전 도민이 투표를 해서라도 하나의 자치단체로 단일화해야 한다. 더 늦기 전에 각 자치단체의 관계자들이 머리와 뜨거운 가슴을 맞대고 진지하게 토론하고 합의해서 단일화라는 결실을 이루어내기를 간절히 소망한다.

다음은 적극적인 홍보를 해야 한다. 무주를 비롯해서 타 시·도의 자치단체에서는 학교를 비롯해서 각급 기관에 홍보물을 제작하여 배포하고 있다. 하지만 아직 우리 강원도에서 유치 신청을 한 어느 자치단체의 홍보 자료도 본 기억이 없다. 전국적인 홍보에 앞서 전 강원도민이 공감대를 형성하는 일도 중요하며 온라인과 오프라인 모두를 통해서 태권도 공원이 강원도에 유치되어야 하는 당위성을 전 국민에게 홍보해야 할 것이다.

그리고 '강원도의 힘'을 발휘해야 한다. 2010년 평창 동계올림픽 유치 신청에 앞서 무주와의 공동 유치 결정을 번복시켰듯, 전 강원도민들이 힘을 하나로 모아야 한다. 힘을 합치면 이루지 못하는 일이 없음을 지난해 월드컵에서 우리는 확인했고, 지난 7월 체코의 프라하에서도 가능성을 재차 확인했다. 이제 모든 도민들이 태권도 공원의 강원유치를 위해 대대적인 운동을 전개해야 할 때이다.

우리는 태권도 공원유치가 자칫 정치적으로 결정될 수 있음에 경계해야 한다. 문화관광부의 현명한 판단과 결정을 기대한다. 태권도 공원유치와 2014년 평창 동계올림픽 유치라는 두 마리의 토끼를 모두 잡을 수 있는 도민의 지혜와 노력이 절실히 요구된다.

평창을 세계 속에 한국으로 알렸던 힘, '강원도의 힘' 만이 대안임을
강조한다.

2003. 11. 15

스포츠맨쉽의 진수를 보여준
'홍명보 장학회'

「푸마」와 「홍명보 장학회」에서는 지난 12월 21일 고양종합운동장에서 소아암 어린이 돕기 자선축구대회를 개최하였다. 꿈을 현실로 이뤄 놓은 2002 한일 월드컵전사들로 주축이 된 사랑팀과 K-리그선수들로 구성된 희망팀으로 나누어 쌀쌀한 날씨 속에서도 1만 8천여 명의 관중들이 지켜보는 가운데 가슴 훈훈한 친선축구대회를 열었다.

「홍명보」는 금세기 대한민국과 아시아 축구를 대표하는 선수라는 사실은 축구에 관심이 있는 사람이라면 누구나 다 아는 사실이다. 국가대항경기 대회(A매치) 출전 135회로 우리나라 최고 기록을 보유하고 있는 대 선수일 뿐만 아니라 월드컵 축구대회 본선 4회 연속 출전의 대 기록에다 한일 월드컵경기의 「브론즈 볼」을 수상한 세계적인 선수이다.

세계적인 축구선수들의 면면을 보면 대부분이 골게터인 공격수들이다. 수비선수가 스타가 되기에는 여러 가지의 한계가 있는 상황 속에서 한국 축구의 수비라인을 이끌며 세계적인 선수가 되기란 결코 쉽지 않았을 것이다. 그러나 그는 한국과 아시아를 넘어 세계적인 선수로 우뚝 섰다. 세계적인 선수란 기술과 명성만으로 되는 것은 아니다. 한 시대를 풍미했던 아르헨티나의 마라도나는 마약, 스캔들 등으로 자기관리에 실패했음을 타산지석으로 삼아야 한다.

「홍명보」선수는 대부분의 동갑내기 선수들이 은퇴를 한 나이지만 철저한 자기관리와 노력으로 대표팀에서는 후배들을 위해 은퇴를 하고 미국의 갤럭시에서 아직 선수로 맹활약하고 있다. 그가 이처럼 일본에 이어 미국에서 선수생활을 계속하는 데에는 훗날 세계적인 축구 행정가가 되겠다는 분명한 의지와 목표가 있기 때문이다.

「홍명보」가 위대한 선수가 되기까지에는 뛰어난 기량과 체력, 그리고 리더십이 있기 때문이기도 하지만 운동장 안에서의 카리스마와 깨끗한 매너, 운동장 밖에서 스포츠맨쉽의 실천이 그를 더욱 아름답게 만들어 주고 있다.

그라운드에서 최고 스타였던 그가 이제 그라운드 밖에서도 최고의 자리를 지키고 있는 모습에 국민들은 든든함을 느낀다. 그는 국민과 팬들로부터 받은 사랑을 이제 국민과 팬들에게 돌려드리는 일이 남아있다며 일찍이 장학회를 만들었다. 그리고 그 장학회 이름아래 소아암으로 고생하는 어린이들에게 꿈과 용기를 주기 위해 후배 선수들과 힘을 합쳤다. 축구 선수들이 각자의 명성과 자존심이 있음에도 「홍명보」라는 이름아래 뭉칠 수 있었던 힘은 그가 동료 후배 선수들로부터 신망 받는 선수임을 다시 한 번 입증시켜 주기에 충분하다. 대회 후 일회성으로 끝나지 않고 매년 계속해서 이어 나가겠다는 의지가 더 큰 꿈과 희망으로 다가온다.

요즘 박세리, 박찬호, 이승엽선수를 비롯해서 해외에 진출하는 선수들의 연봉을 보면 몇 십억 원씩을 기록하고 있다. 일반서민들은 평생을 모으고 벌어야 하는 돈을 일, 이년 내에 벌어들이고 있다. 그러나 그들의 성공이 있기까지는 음지에서 말없이 눈물을 흘려야 했을 선수들이 있었기에 가능했다는 사실을 기억해야 할 것이다. 물론 성공한 선수들이 흘린 땀과 노력을 폄하하고자 하는 것은 아니다. 이제 그들도 스포츠맨쉽을 실천하게 되기를 기대한다.

국내에서 성공했거나 해외 진출로 성공한 선수들마다 장학회와 같은 다양한 방법으로 꿈나무 선수들의 지원은 물론 불우한 이웃을 위해 봉사하여 사회발전에 기여하는 대 선수로 거듭나기를 희망해 본다. 그것이 진정한 스포츠맨쉽의 실천이기 때문이다.

2003. 12. 29

스포츠의 정치적인 이용은
중지되어야 마땅

한치 앞을 내다 볼 수 없을 정도로 정국이 소용돌이치고 있다. 대통령이 탄핵되어 대통령의 직무가 정지되는 헌정사상 초유의 사태가 벌어져 국민들을 불안케 하고 있다. 하지만 우리 민족은 어려울 때일수록 지혜를 발휘하는 국민들이므로 이 어려움을 슬기롭게 잘 대처해 나가리라 믿는다.

이러한 와중 속에서 모 정당에서는 국회의원 선거를 의식하여 2014년 동계올림픽 유치전에서 강원도보다 많은 국회의원 지역구를 갖고 있는 전라북도를 지원하기로 하는 공약을 내세웠다. 이는 국회의원 의석수를 확보하기 위하여 스포츠를 정치에 끌어들인 또 하나의 폭거이며 상식 이하의 발상으로서 강원도민은 물론 스포츠를 아끼고 사랑하는 모든 국민들로부터 비난을 면치 못할 것이다.

스포츠는 정치적으로, 이념적으로, 종교적으로 침해되거나 이용되어서는 안 된다. 인종과 민족의 다양성을 지구촌 가족이라는 이름으로 묶어 인류의 평화를 유지할 수 있는 것은 스포츠만이 갖고 있는 위대한 힘이다. 미국이 죽의 장막이라는 공산 중국의 이념의 벽을 뚫은 것도 스포츠며, 민족 간의 갈등과 반목을 통합한 것도 스포츠이며, 종교 간의 대립을 완화시킨 것도 스포츠였다. 이러한 결과가 있기까지는 스포츠가 정치로부터 독립되고 보호되었기에 가능했던 것임을 잊어서는 안 될 것이다.

요즘 유행하는 개그용어 중에 '두 번 죽이는 일' 이라는 말이 있다. 이번 모 정당의 발상이 바로 강원도민을 두 번 죽이는 일이 아닐 수 없다. 17대 국회의원 선거에서 전체 국회의원 수는 늘어났는데도 불구하고 어느 시도 보다 넓은 지역을 갖고 있는 강원도의 국회의석 수는 줄어들었고, 수도권 상수원보호차원에서 개발이 제한되어온 강원도가 그동안 다양한 분야에서 소외되어 왔으며, 지난 2010년 동계올림픽 유치전에서 아깝게 탈락하여 사기가 땅에 떨어져 있는 상태에서 힘을 모아 유치전에 총력을 기울이지 못하고 정치적인 이유로 강원도를 또다시 소외시키는 이번 공약은 우리 강원도민을 분노케 하고 국민을 분열시키는 후안무치한 처사임이 분명하다.

금번의 이러한 조치를 극복하기 위해서는 강원도민만의 힘으로는 한계가 있다. 스포츠를 정치적으로 이용하려는 음모와 발상을 전국적으로 홍보하여 2014년 동계올림픽 유치문제를 모든 국민들의 공동 관심사로 확대시켜 나가야 할 것이다. 그들의 발상이 얼마나 위험 한 것인 가를 분명하게 확인시켜 주어야 한다.

지구에 인류가 존재하는 한 스포츠는 영원히 인류와 함께 할 것이다. 인류에 희망을 주고, 꿈을 주고, 용기를 주는 스포츠가 정치

판에 휘말려 만신창이가 되는 모습은 제발 피해주었으면 한다. 스
포츠는 스포츠 그 자체일 때 아름답고 위대할 수 있기 때문이다.
진정으로 국민을 위하고 나라를 위한다면 스포츠의 정치적 이용은
즉각 철회되어야 마땅할 것이다.

2004. 3. 15

잠자는 강원도, 뛰는 전라북도

　전라북도 전주에서 열린 제23회 대통령배 전국수영대회를 참관하고 왔다. 지금 전라북도는 2014년 동계올림픽 유치와 관련해 각종 시민사회단체와 지역의 유력 인사들을 동원하여 요란스러울 정도로 전북도민의 정서를 숨 가쁘게 모아가고 있어 상대적으로 조용한 강원도와 대조적인 모습을 보이고 있다.

　도민들의 정서를 하나로 모으는 한편, 정부의 전북 지지입장 정리를 강력하게 촉구하고 있는 실정이다. 정치인이나 지역사회 인사들도 언론 매체를 통하여 연일 전라북도의 유치 필요성을 적극적으로 강조하고 있다. 그러나 2014년 동계올림픽 유치를 위해 모든 역량을 집중하고 있는 전라북도에 비해 우리 강원도에서는 재도전 의사를 밝혔지만 도지사의 동의서 뒷에 걸린 탓인지 특별한 움직임이 느껴지지 않고 있어 안타깝다.

　물론 무 대응이 최선의 대응이 될 수도 있다. 하지만 2014년 동계올림픽 유치문제를 강원도와 전라북도만의 문제로 보는 시각은 지역 간 갈등의 골만 깊게 만드는 양상이 될 수 있음을 경계해야 한다. 전 국민이 관심을 갖고 국가적인 차원에서 유치 문제에 접근하는 것이 가장 바람직한 방법이라고 생각한다.

따라서 전 국민을 대상으로 2014년 동계올림픽의 강원도 유치 당위성을 홍보하려는 노력이 절실히 요구된다고 하겠다.

전 국민을 대상으로 하기에 앞서 강원도민의 결집된 힘을 하나로 모으는 과정이 필요하다. 강원도민의 힘을 하나로 묶지 못하고서는 국민적 설득력을 높여 가는 데에는 한계가 있게 마련이기 때문이다. 도민들 중에는 동계올림픽에 대하여 무관심하거나 지난번의 탈락으로 자격을 상실한 것으로 잘못 알고 있는 사람들도 있음을 잊어서는 안 된다.

전북도민이 2014년 동계올림픽 유치에 열을 올리고 있는 첫 번째 주장은 강원도지사의 동의서이다. 그러나 올림픽은 마을이나 동네 단위의 운동회나 체육대회와는 성격자체가 판이하게 다르다. 양보하고 미루고 또는 무작정 욕심낸다고 해서 될 일이 아니기 때문이다. 국제올림픽위원회에서 요구하는 까다로운 조건을 모두 갖추어야 함은 물론 올림픽 정신의 구현이라는 목적에 부합해야 하기 때문이며, 대한민국에서 강원도냐 전라북도냐의 문제가 아니라 세계 속에서 대한민국이냐 아니냐의 문제임을 간과해서는 안 될 것이다.

전라북도는 국제올림픽 위원회의 기준을 갖추기 위해 인공시설을 마련한다는 계획을 세우고 있는 것으로 보인다. 그러나 시설 조건을 갖추기 위해 억지로 자연환경을 파괴하는 것은 바람직하지 않다. 강원도가 기후, 지리적 입지 조건, 시설 등에서 절대 우위에 있음은 삼척동자도 다 알고 있는 사실이며, 지난 2010년 동계올림픽 최종 유치전에서 인상적인 선전으로 세계적인 경쟁력 면에서 비교의 대상이 될 수 없다고 생각한다. 가뜩이나 기후의 온난화 현상으로 충청이남 지역에서의 동계대회는 사실상 불가능하다고 판단된다. 따라서 지역발전이라는 근시안적인 측면에서 전라북도의 유치 추진은 국제 경쟁력의 약화는 물론 나라의 위상을 크게 떨어뜨리게 되는 결과를 초래하게 될 것이 분명하다.

주지하다시피 강원도는 분단 도이다. 올림픽 이념은 평화의 추구에 있다. 분단 도에서의 올림픽 개최는 올림픽 최고 가치의 실현이기 때문에 2010년에도 최종 개최지 후보로 오를 수 있었던 것임을 명심해야 한다.

2014년 평창에서 동계올림픽이 유치되면 북한 선수단이나 응원단이 육로를 통해 대거 참석할 수 있어 남북화해의 무드가 급물살을 타게 될 수 있음은 물론 국제적으로도 대한민국의 위상을 한 차원 더 높일 수 있게 될 것이다.

김운용씨는 부인하고 있지만 강원도는 2010년 유치전에서 아픈 상처를 입고 돌아온 것은 사실이고, 탈락은 했지만 최종 후보지로 올랐다는 점은 대부분의 IOC위원들이 묵시적으로 차기대회 장소로 인정하고 있음을 보여준 것이라고 판단된다.

지역 간의 갈등이 고조되면 소모적인 논쟁으로 국가 신임도와 국제 경쟁력이 떨어지게 되며, 동계올림픽의 유치와는 점점 더 거리가 멀어지게 됨을 인식하고 전라북도는 지역의 벽을 넘어 국가적인, 민족적인 차원에서 대승적인 결단을 내려주기를 기대한다.

도 차원에서 보다 체계적이며, 논리적인 방법으로 도민은 물론 대 국민 홍보와 설득 노력에 심혈을 기울여야 할 것이다.

2004. 7. 19

 # 최선과 최악의 만남, 스포츠와 도박

얼마 전 서울의 지방법원에서는 한 타에 1억원이 넘는 내기 골프를 친 사람들을 도박죄로 인정할 수 없다는 판결을 내렸다. 판결의 옳고 그름을 떠나 사법부에서의 판결 내용이 현실과 지나치게 괴리되어 있고, 비유가 대단히 잘못 적용되었다. 운동 경기인 스포츠와 도박을 비교한 것은 스포츠의 이해 부족에 따른 법률적 판단의 오류라고 생각한다.

스포츠는 인류가 만들어 낸 지구촌 최고의 문화이다. 지난 2002년 제17회 한·일 월드컵축구대회의 붉은 물결을 통해 우리는 진정한 스포츠의 가치를 만끽했다. 올림픽 경기와 아시안 게임 등 국제적인 스포츠 행사와 크고 작은 나라 안팎의 다양한 스포츠 대회를 통해 우리는 스포츠의 감동을 수없이 확인하며 살아가고 있다. 세대간, 이념간, 종교간, 인종과 문화를 뛰어넘어 인류를 하나로 묶을 수 있는 것이 스포츠의 진정한 힘이다.

스포츠의 결과는 목표를 향해 부단히 노력한 땀과 눈물의 결정

체이다. 따라서 스포츠에서 승자의 의미는 물론 꼴찌를 해도 의미를 찾을 수 있다. 하지만 도박은 금품을 걸고 승부를 다투는 것으로 오직 승자에게만 미소의 의미가 주어지며 여기에는 우연성이 큰 비중을 차지하게 된다. 도박은 동양과 서양을 막론하고 오랜 역사를 갖고 있다. 그러나 요행심과 사행심을 부추기는 탓에 어느 가정이나 나라에서도 도박을 권장한 경우는 없었다. 동서고금을 통해 도박에 심취하게 되면 패가망신의 지름길로 인식되어 오고 있다. 따라서 도박은 지구상에서 한시바삐 사라져야 할 인류가 만든 최악의 문화 중 하나인 것이다.

스포츠라는 용어의 어원은 영국의 '놀다', '즐기다'에서 유래되었다. 학문적으로 스포츠가 성립되기 위해서는 '유희, 경쟁, 신체활동'의 세 가지 필수적인 요소를 갖고 있어야 한다. 그러나 이 세 가지 요소를 모두 갖고 있다고 해서 스포츠가 되는 것은 결코 아니다. 세 요소를 갖추고 있으면서 구조적이며 체계적이고 바람직한 것일 때 비로소 스포츠로 성립될 수 있는 것이다. 세 가지 요소만 갖고 있다면 이는 놀이에 불과한 것이다. 딱지치기, 구슬치기를 스포츠로 보지 않는 이유이기도 하다.

주지하다시피 스포츠는 아마추어 스포츠와 프로페셔널 스포츠로 구분된다. 최근 들어 시대 상황의 변화와 함께 아마스포츠와 프로스포츠의 구분이 모호해 지긴 했지만 아무런 대가를 바라지 않고 땀을 보상으로 여기며 스스로 좋아서 즐겁게 참여하는 것이 아마추어 스포츠의 전형적인 모습이다. 학교 학생들의 운동 경기가 여기에 속하며 어른들의 생활체육이 이 범주에 속하게 될 것이다. 반면 프로스포츠는 운동경기를 직업으로 하는 사람들과 운동경기 결과에 따라 상금 또는 돈을 받는 사람들의 경우를 말한다. 또 이 경우 세금을 모두 공제하고 땀과 노력의 대가로 당당하게 받을 수 있다.

사법부에서 밝힌 1억원이 넘는 내기 골프를 친 사람들이 죄라면 박세리도 죄인이라는 비유는 정말 어색하기 짝이 없다. 돈이라는 결과만 놓고 비유한 탓이다. 이러한 잘 못된 비유는 스포츠 강국으로서 위상을 굳혀가고 있는 우리나라에서 청소년들의 가치 혼돈과 국민적 혼란을 야기 시키기에 충분하다. 프로 선수는 순위와 금품보다도 명예를 더 소중하게 생각한다. 상금은 운동 경기 결과의 부수적인 보상에 불과하다. 상금이 적거나 없다고 해서 스포츠를 하지 않는 것이 아니다. 그러나 도박을 하는 사람들은 오직 돈에만 목적과 가치를 두게 마련이다.

박세리는 상금의 많고 적음과 한 사람의 프로 골프 선수를 떠나 우리 국민들이 국가 환란의 IMF 위기 속에서 의욕을 잃고 좌절하고 있을 때 국민들에게 삶의 의욕과 용기를 북돋워 준 위대한 스포츠 영웅이기도 하다. 이번 판결에서 박세리의 경우를 비유한 것은 도박과 스포츠를 구분하지 못한 무지의 소치에서 나온 너무나 황당한 비유라고 생각한다.

그나마 정말 다행스러운 것은 이번 판결이 사법부의 최종 판결이 아니라는 점이다. 상급심에서는 보다 현명한 판단으로 사법부의 신뢰를 확보할 수 있게 되기를 기대한다. 최선과 최악이 같은 형태의 평가를 받는 다는 것은 국민 정서에도 맞지 않을 뿐만 아니라 학문적으로도 매우 불행한 일이기 때문이다.

2005. 1. 10

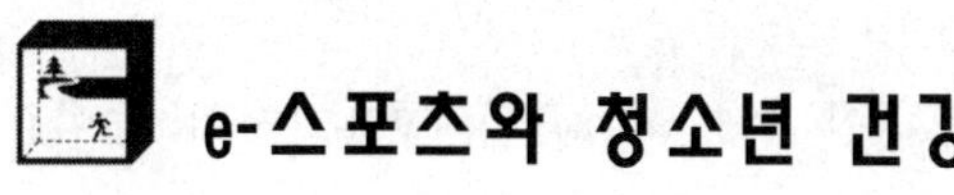 e-스포츠와 청소년 건강

지금까지 스포츠는 경쟁이라는 요소와 함께 땀을 흘리며 왕성한 신체활동을 하는 형태를 일컬었지만 언제부터인가 당구와 바둑이 슬그머니 스포츠의 영역으로 들어와 자리를 잡았고, 드디어는 e-스포츠라는 신개념의 스포츠가 등장했다.

e-스포츠는 온라인상에서 컴퓨터를 통한 게임을 가리키는 말이다. 즉 전자스포츠라는 용어로 쓰이기도 한다. 요즘 온라인상에서의 프로 게이머가 청소년들에게 최고의 인기를 누리고 있고 이에 영향을 받아 장래희망이 프로 게이머라는 어린 학생들도 상당수 있다.

청소년들에게 스포츠의 목적은 경쟁을 하고 친목을 다지는 것에 앞서 우선되는 가치가 건강 증진에 있음을 알려줘야 한다. 매년 청소년들의 체력 약화 현상이 보도되고 있고 청소년기에 형성된 기초 체력이 평생 건강의 바탕이 된다는 것을 모르는 어른은 없다.

청소년들에게 마음껏 뛰어 놀 수 있는 공간을 마련해 주어야 하고, 운동이 부족하지 않도록 챙겨주어야 하는 것이 어른들의 몫임을 잊어서는 안 된다.

청소년기의 주 활동무대인 학교는 제7차 교육과정의 도입으로 체육수업 시수가 줄어들었고 좁은 공간의 컴퓨터 앞에서 웅크리고 앉아 눈과 손만을 분주하게 움직이고 있는 새로운 모습의 스포츠에서 청소년들의 건강을 걱정하지 않을 수 없다.

어른들은 기회 있을 때마다 청소년들을 나라의 미래라고 말한다. 나라의 희망이요 미래인 우리의 꿈나무들이 바른 가치관과 신념을 지니고 건강하게 성장해 갈 수 있도록 정책과 제도로 뒷받침해 줌으로써 말과 행동을 일치시켜 나가야 할 것이다.

2005. 4. 20

# 랜스 암스트롱이 보여준
스포츠가 아름다운 이유

　지난달 25일에 끝난 세계최고의 권위를 자랑하는 2005 프랑스 도로일주 사이클 대회에서 고환암을 이겨낸 미국의 '랜스 암스트롱'이 7연패의 위업을 달성하며 인간 정신의 위대한 승리를 남겼다.

　미국의 '랜스 암스트롱'은 세계 사이클 랭킹 1위를 차지하는 등 전성기를 구가하던 96년 뜻밖의 고환암 판정을 받고 생존율 47%와 암세포가 뇌까지 전이되는 고통 속에서 두 차례의 대수술을 겪는 투병생활 끝에 기적적으로 살아났다. 의사와 주위의 만류를 뿌리치고 다시 페달을 밟은 이래 99년부터 이번 대회까지 연속 7연패의 위업을 달성한 것이다.

　7년 연속 우승이라는 기록은 지극히 정상적인 사람도 세우기 어려운 대기록이다. 대회 기록에 의하면 지금까지 최고 기록은 91년부터 95년까지 스페인의 '미켈인두라인'이라는 선수가 기록한 5회 연속 우승이었다고 한다. 물론 언젠가 암스트롱의 이 대기록도 깨어질 것이다. 기록은 깨지기 위해 존재하기 때문이다. 그러나 정상 인도 해내지 못한 암스트롱의 7년 연속우승은 기록으로서의 의미보다 땀과 집념이 일궈낸 인간 승리의 결정체로서 인류에 희망을 심어주었다는 점에서 높이 평가받게 될 것이다.

프랑스의 도로일주 사이클은 세계적으로 최고의 권위를 자랑하는 사이클 대회이다. 이 대회에서 전인미답의 정상을 7년이나 지켜낸 암스트롱은 아내와 이혼, 금지약물 복용 의혹 제기 등으로 또 다른 인간 한계의 시련을 겪어야 했다. 그러나 암스트롱은 '암은 나의 나태함을 치료해 준 해독제였다' 는 감동적인 고백을 한 바 있다.

금년 대회를 끝으로 은퇴함으로서 이제 프랑스 도로일주 사이클 대회에서 더는 '랜스 암스트롱' 의 역동적인 질주 모습을 볼 수 없게 되었지만 그는 사이클의 전설로 모든 인류의 가슴속에 영원히 남아 있을 것이다.

지금 이 순간에도 지구촌에는 수많은 사람들이 불가능이라 불리는 인간의 한계와 싸우며 어려운 삶을 살아가고 있다. 각종 병마를 비롯하여 고난과 역경을 이겨내며 제2, 제3의 암스트롱이 되기 위해 처절한 사투를 벌이는 사람들도 많다. 암스트롱의 위업은 이들에게 분명 용기와 희망을 주었을 것이다.

이밖에도 앞을 못 보는 수영선수, 손가락이 없는 야구선수, 다리가 없는 농구 선수들의 이야기가 감동과 함께 용기와 도전정신을 심어준다. 안타깝게도 최근 우리나라의 젊은이들은 의지력이 점점 나약해져 가고 있다. 힘들고 어려운 일에 봉착하면 쉽게 포기하거나 좌절하곤 한다. 최근 군부대에서 발생하는 일련의 사고들을 보면 어렵지 않게 확인 할 수 있다.

 통계에 의하면 우리나라 국민들이 하루 평균 48명이나 스스로 목숨을 끊는다고 한다. 놀라운 사실이다. 살려달라는 어린 자녀들까지 주검으로 몰아가는 안타까운 소식도 있어 가끔씩 우리를 슬프게 한다.

 스포츠는 불가능을 가능으로 바꾸어 주기도하며 사람들에게 꿈과 희망을 주는 삶의 에너지이다. '랜스 암스트롱'이 보여준 강인한 의지와 집념에서 자신감을 찾고 삶의 행복을 찾기 바란다.

2005. 8. 17

 # '체육부' 신설되어야 한다

지난 11월 1일 동아시아 게임이 열리고 있는 마카오에서 남북한 실무대표들이 회동을 갖고 2006년 카타르 도하의 아시안 게임과 2008년 베이징 올림픽에서 남북 단일팀을 구성하기로 합의했다. 분단 된지 60여년 만에 스포츠의 통일을 이룬 셈이다. 물론 그동안 올림픽 등 각종 국제 스포츠 대회의 개막식에서 남북 선수단이 공동 입장을 하였거나, 축구와 탁구 등 일부 종목에서 단일팀으로 출전하면서 그 가능성을 확인해 왔다.

스포츠는 정치, 종교, 사상은 물론 인종을 뛰어넘어 인류를 하나로 묶는 위대한 힘을 갖고 있다. 따라서 남북의 평화적인 통일에 스포츠를 활용하지 못할 이유가 없다. 남북 단일 팀 구성까지는 앞으로 해결해야 할 많은 과제들이 산적해 있지만 스포츠의 통합이 곧 정치, 문화, 사회의 통합을 다지는 초석이 될 수 있다는 점에서 남북의 통일을 앞당기는 기폭제가 될 것으로 기대한다.

우리나라는 이미 1988년 하계올림픽과 2002년 월드컵을 훌륭하게 치러냈으며, 이제 세계 3대 스포츠대회 중 하나인 2014 평창 동계올림픽을 유치하기 위해 모든 역량을 모아가고 있다. 그럼에도 불구하고 체육과 관련된 업무를 총괄하는 부서가 현재 문화관광부 산하에 귀속되어 있는 처지에 있다.

스포츠를 인류가 만든 최고의 문화라는 측면에서 보면 문화관광부와 전혀 관계가 없다고는 할 수 없겠지만 엉뚱한 부서에서 서자 취급을 받는 것 같은 느낌을 지울 수가 없다. 한시 바삐 체육부가 독립된 부서가 되기를 기대한다. 건국 이래 체육업무는 문교부 산하에서 관장되다가 서울올림픽 열기가 한창이던 시절 '체육부' 가 정부 부처에 신설 운용됐다. 그러나 올림픽이 끝난 후 정권이 바뀌고 작은 정부를 표방하면서 체육업무는 문화관광부에서 다시 더부살이를 하게 됐다.

현재 우리나라에서 국민의 삶의 질 향상과 조국통일의 초석을 다지는 일보다 우선인 가치는 없다. 지난 봄 대한체육회장에 당선된 김정길회장은 선거 공약으로 '체육청' 의 신설을 내세웠으며 현재 정부측과 협의 중인 것으로 알려졌다. 하지만 현재 체육의 비대해진 역할과 기능 그리고 국가적 위상과 비중으로 볼 때 독립된 '체육부' 이어야지 '체육청' 으로는 국민들의 욕구를 충족시키기에 한계가 있다고 판단된다.

엘리트 체육은 물론 생활체육인까지 포함하면 우리나라 성인의 절반 이상이 스포츠 인구라고 해도 과언이 아닐 것이다. 삶의 질 향상에 있어서도 건강을 추구하는 체육은 첫 번째 조건이 되고 있다. 따라서 국민들에게 체계적인 건강 프로그램을 제공하고 학교와 사회체육에 대한 인프라를 구축하여 모든 스포츠를 통합하고 관리

운영하는 시스템의 도입과 건강한 삶을 증진시키기 위해서도 체육부는 조속히 정부 부처에 독립된 부서로 신설되어야 한다.

평창 동계올림픽을 포함해서 세계 3대 스포츠 대회를 훌륭하게 치러낸다고 해서 체육입국으로서의 역할이 모두 끝나는 것은 아니다. 지속적인 국제대회의 유치는 물론 국내대회의 변화와 발전을 끊임없이 도모해야 하는 과제가 있다. 스포츠는 무기체가 아니라 살아 숨쉬는 생물과 같은 존재로서 지속적인 관심과 연구가 뒷받침 되어야 성장·발전할 수 있다.

각종 국제 스포츠대회에서 우리나라는 세계 10위권의 성적을 꾸준하게 유지해 오고 있다. 그러나 엘리트 체육의 성적이 곧 국력의 등위이거나 삶의 질 수준을 나타내는 것은 아니다. 엘리트 체육의 성적을 국민들의 체위 향상과 체력 증진으로 승화 발전 시켜 나가는 역할을 체육부에서 해 낼 때 대한민국의 국력은 더욱 신장 될 것이다.

체육부가 신설되면 스포츠를 통하여 국민들의 삶의 질 향상은 물론 국민 통합과 민족이 숙원인 통일의 기반을 다져나갈 수 있고, 강원도민의 염원인 2014 평창 동계올림픽 유치에도 큰 힘이 될 것이다. 정부의 부처에는 모두 나름대로의 업무 특성이 있지만 체육은 단일 업무만으로도 어느 부서보다 질적 양적으로 확대돼 있다. 작은 정부를 통한 예산의 절감도 중요하지만 업무의 효율성과 합리성 그리고 시대적 흐름을 외면해서는 안 될 것이다. 체육부의 재탄생을 소망한다.

2005. 11. 14

프로농구 아줌마의 힘

요즘 여자 프로농구경기에서 아줌마의 힘이 넘쳐흐른다. 전성기를 지나 결혼을 해서 가정을 꾸린 선수들이 절정의 기량을 발휘하면서 코트를 휘젓고 있기 때문이다. 전주원, 김지윤, 김영옥, 이정애 등이 그 주인공들이다. 전주원은 한 때 은퇴를 하고 코칭 스태프로 활동하기도 했었으나 선수로 복귀한 사례다.

대부분 종목의 남자 선수들도 30대를 넘기면 환갑을 지난 노인으로 취급받는 곳이 스포츠의 현장이다. 하물며 어느 종목보다 체력의 소모가 큰 농구경기에서 여자 선수들이 나이는 숫자에 불과하다는 것을 입증이나 하려는 듯 펄펄 날고 있는 모습은 신선한 충격을 주기에 충분하다. 그 이유는 어디에 있는지 살펴보기로 한다.

첫 번째는 심리적 안정감이라고 생각한다. 혼기가 지난 여성이 경기장에서 선수 생활을 계속할 때면 불안감이 생기게 마련이다. 그러나 결혼을 하면 이런 불안감이 사라져 편안한 상태에서 운동에 전념할 수 있다. 따라서 집중력이 높아지게 된다. 직경 45cm

크기의 작은 림에 농구공을 던져 넣어야 하는 농구경기는 어느 경기보다 강한 집중력이 요구되는 스포츠이다. 물론 여기에는 남편을 비롯한 가족 구성원들의 절대적인 신뢰와 응원이 뒷받침되어야 한다는 대 전제가 있다.

두 번째는 노련미의 향상이다. 경험은 돈 주고 살 수 있는 것이 결코 아니다. 오랫동안 코트에서 경기력을 발휘한 선수들은 경험이 축적될수록 시야가 넓어지고 마음에 여유가 생기며 노련해 지게 마련이다. 농구경기의 특성상 패기만으로 경기를 풀어나갈 수는 없다. 농구경기는 어느 종목보다 경기의 흐름이 중요한 스포츠다, 경기 속도의 완급을 조절하는 뛰어난 가드가 꼭 필요한 경기이기도 하다. 따라서 노련미와 패기의 조화가 다른 어느 경기보다 절실히 요구되는 경기이다.

세 번째는 강인한 체력의 유지이다. 과거에는 30대를 넘어서게 되면 체력이 쉽게 바닥이 났지만 어린 시절과 청소년기에 충분한 영양을 섭취하게 된 현대에는 체력의 발현 기간이 늘어난 것으로 보인다. 결국 국민소득의 향상과 과학의 발달 그리고 꾸준한 체력 관리가 선수의 생명을 연장시켜나가는 원동력인 셈이다.

네 번째는 책임감과 오기의 발동이다. 새로운 가족이 생기면 책임감은 강화될 수밖에 없다. 남편, 자녀에게 보다 당당해지고 싶은 욕구가 분출된다. 결혼한 주부가 선수생활을 계속하기에는 어린 선수들에게 이런저런 눈치를 살피지 않을 수 없을 것이다. 단체 팀이지만 미혼 선수들은 팀의 궂은일을 직접 챙길 수밖에 없는 환경이 조성된다. 하지만 결혼한 선수는 가정이 있으므로 그럴 틈이 없다. 따라서 주부 선수들은 미혼선수들의 따가운 눈총을 늘 의식하며 생활하게 되고, 더 잘해야 된다는 압박감에 쫓기지만 이는 곧 순기능으로 작용하여 경기력 향상의 효과를 얻게 된다. 그리고 조금이라도 흐트러진 모습을 보이면 퇴출 되어야 한다는 위기감이 오히려 강한 승부 근성의 오기로 나타난다고 생각한다.

다섯 번째는 경기 방식의 변화이다. 종전에는 전반과 후반으로만 구분되어 전·후반 20분 내내 경기에 전력을 투구하는 관계로 체력의 소진이 빨랐지만 지금의 경기 운영은 4회의 쿼터별 경기방식으로 운영되고 있어 체력의 안배가 용이해 졌다는 점이다. 용병제도의 도입 또한 노련한 경기 운영 능력을 갖고 있는 아줌마 선수들에게 유리한 것으로 분석된다.

여하튼 주부들의 '파이팅'이 참신하고 새롭게 다가온다. 농구경기에서 출발한 아줌마의 힘이 다른 많은 스포츠 종목으로 확대되길 바란다. 나이는 숫자에 불과하다는 속설이 스포츠의 장면에서도 통하는 시대가 활짝 열리게 되기를 기대한다.

2005. 12. 21

예뻐지고 싶은 욕망과 운동선수의 징계

대한펜싱협회는 지난 주 성형수술로 국가대표팀 훈련에 소홀한 남현희 선수에게 2년간 자격정지라는 중징계를 내렸다. 이 사실이 알려지면서 인터넷을 통하여 네티즌들 사이에 찬반 논란이 뜨겁게 일면서 사회적 파장을 불러일으키고 있다.

남현희 선수는 2005년 펜싱 세계선수권대회에 출전하여 우리나라가 「플러레」 종목에서 단체 금메달을 획득하는데 결정적 기여를 한 선수이다. 서울시청 소속으로 뛰어난 경기력을 발휘하여 국가대표팀에 선발되어 국위를 선양하는데 앞장섰던 장래가 매우 촉망되는 선수인 탓에 이번 중징계 조치에 대하여 안타까움은 더해진다. 더욱이 남현희 선수가 대표팀 감독에게 성형수술에 대한 의사 전달을 한 것으로 보아 고의적으로 훈련에 불참한 것은 아니라는 판단이다.

운동선수에게 있어서 2년간의 자격정지는 사형선고와 같은 중형으로 인식된다. 특히 남현희 선수는 금년 25세로 경기력이 한창

물오르는 시기라 더욱 안타깝다. 개인의 문제를 떠나 국가적으로도 엄청난 손실인 셈이다. 뿐만 아니라 남 선수는 서울시청 소속으로 되어 있는 실업팀 선수인데 선수생활을 하지 못하는 선수에게 월급을 지급해가며 2년 뒤를 기다려 줄 팀은 찾아보기 힘든 것이 현실이어서 심각하다.

그러나 국가대표팀의 소집은 매우 중요한 훈련기간으로 개인의 입장에서가 아닌 국가적 차원에서 생각해야 한다. 대표선수는 개인의 신분이 아닌 공인의 입장이기 때문이다. 대표선수의 자질에는 경기력이 중심이 되겠지만 마음가짐부터 남달라야 한다. 조국을 위해 희생과 봉사하겠다는 자세가 있어야 한다. 운동선수에게 있어 태극마크를 상징하는 국가대표의 선발은 최고의 명예이인 동시에 최고의 가치인 것이다.

최근 사회적인 분이기에 편승하여 여성들이 외모에 높은 관심을 갖고 있다. 특히 이러한 모습은 사회적으로 영향력이 큰 연예인들에 의해 주도되고 있다. 의학과 과학이 발달하면서 부모님이 물려준 자연 미인은 이제 찾아보기 어렵게 되었다. 많은 시간과 어려움 없이도 간단한 수술로 얼굴의 형태를 쉽게 바꿀 수 있기 때문이다. 능력이나 교양보다도 외모를 더 중시하는 풍토가 그 주범이다. 이러한 사회현상에서 운동선수라고 예외일 수는 없다. 조금만 예쁜 선수들이 경기에 참가하면 언론에서 '미녀 군단 출현' 이니 '얼짱' 이니 하며 분위기를 돋우곤 하는 데에도 문제가 있다.

이번 사태에 대하여 잘잘못을 가리기는 매우 어렵다. 그러나 징계의 칼을 빼든 협회나, 훈련에 불참한 선수 모두 한 번쯤 뒤돌아 반성의 기회를 가져야 한다고 생각한다. 우선 협회의 입장에서 보면 선수관리의 차원에서 질서 유지를 위해 엄격한 규정의 적용은 불가피한 선택이었다고 하더라도 과연 2년씩 자격정지를 시켰어야 했는가에 대한 깊은 성찰이 필요하다. 특히 그동안 남현희 선수가 국가대표선수로 활약한 공적을 충분히 참작했어야 한다.

남현희 선수도 깊은 반성이 있어야 한다. 대표선수로서의 막중한 책임감을 망각해서는 안 된다. 성형수술은 시기가 반드시 정해져 있는 것은 아니다. 운동선수는 생활패턴이 크게 준비기, 출전기, 휴식기로 구분된다. 따라서 휴식기를 이용하여 필요한 부분의 수술을 통해 미적 아름다움을 추구했어야 한다. 운동선수는 혹독한 훈련을 참고 견뎌내면서 성장 발전하게 마련이다. 대 선수라면 예뻐지고 싶은 욕망도 참고 견뎌 낼 줄 아는 인내심이 필요하다.

이번 파문이 자칫 스타의식에 빠져 있는 운동선수들에게는 경종을 울리고, 협회는 징계를 남발하지 않고 오히려 선수를 보호하는 차원에서 지혜롭게 해결되기를 체육인의 한 사람으로서 간절히 바란다.

2006. 1. 11

인 성 교 육

 # 동심, 양심, 농심으로 도덕성 회복

　예로부터 청년은 동심으로 돌아가고, 정치가는 양심으로 돌아가고, 백성은 농심으로 돌아가라는 말이 있다. 동심은 순수에 때 묻지 않은 깨끗함을 의미한다. 인간은 성장해 가면서 바람직함보다는 바람직하지 않은 쪽으로 쉽게 물들어 가기 마련이다. '악화가 양화를 구축한다' 는 말이 나오게 된 배경이다.

　자고 일어나면 발생하는 사건 사고는 인간으로서 도저히 저지를 수 없는 패륜과 끔찍함이 연일 신문 지상과 TV뉴스에 홍수처럼 쏟아져 나오고 있다. 어린 시절 백지 같이 깨끗했던 심성이 온갖 세태에 물들어 가면서 도덕적 가치관을 상실하게 된 결과의 산물이다. 모든 청소년을 포함한 청년들은 순수와 기교에 때묻지 않은 동심으로 돌아가야 한다.

　지난 주 민주당의 대통령 경선 후보였던 모 후보가 아름다운 꼴찌를 선언하며 돌연 사퇴한 것은 우리 모두에게 신선한 충격을 주고 있다. 이 후보는 얼마 전 민주당 최고의원 선거에서 자신이 쓴

선거 자금을 공개하여 국민들로부터 용기 있고 깨끗한 정치인으로
지지와 성원을 받아왔다. 하지만 현실정치의 벽을 넘지 못하고 급
기야는 중도 사퇴라는 최악의 사태에 직면하게 되어 짙은 아쉬움
을 남겼다. 그러나 그가 남긴 메시지는 우리 정치인 모두에게 양심
이 무엇인가를 알려주는 계기가 되었다고 생각한다.

도덕적 가치의 혼돈이 지도층 인사로부터 시작되는 작금의 현실
을 볼 때 이 후보의 양심과 사퇴가 시사하는 바는 매우 크다고 믿
어지며 정치를 지향하는 모든 사람들은 타산지석으로 삼아야 할
것이다.

산업사회 후반까지만 해도 우리는 '농자는 천하지 대본'이라는
말을 즐겨 써 왔다. 그러나 지식정보화 기반사회가 시작되고 WTO
가입 등으로 더는 이 말을 쓰기 어렵게 된 것이 우리네 농촌의 현
실이다. 하지만 농부들이 대를 이어 지켜온 '농심'을 잊어서는 안
된다.

농심은 크게 세 가지를 의미한다. 첫 번째는 정직하다는 것이다.
농사를 지으면 콩 심은 데 콩 나고, 팥 심은 데 팥 난다는 엄연한
사실을 눈으로 보고 몸으로 체험하면서 살아가는 농부들은 정직해
질 수밖에 없다.

두 번째는 부지런하다는 것이다. 농사를 짓다보면 농번기가 태양
이 뜨겁게 작열하는 여름철이 된다. 따라서 대부분의 지혜로운 농
부들은 무더위를 피해 아침 일찍 일어나 선선할 때 일을 하거나,
햇볕의 강도가 약해진 오후 늦게부터 해가 떨어질 때까지 일을 하
는 습관이 몸에 배어 있어 부지런 할 수밖에 없다. 가뭄이 들거나
장마철이 되거나, 바람이 심하게 불어도 노심초사해야 하는 농부들

은 늘 긴장 상태에 있어야 하므로 부지런하지 않을 수가 없다.

세 번째는 겸손하다는 것이다. 모든 곡식은 익어 갈수록 고개를 숙인다. 농부들은 이를 직접 눈으로 보면서 곡식을 정성들여 키우고 가꾸기 때문에 속이 꽉 찰수록 겸손해 질 수밖에 없다는 진리를 터득하게 된다. 따라서 농부들은 겸손함을 최고의 미덕으로 알며 생활한다.

농심은 정직하고 부지런하며 겸손하다. 이것은 오늘 날 도덕이 땅에 떨어진 시대를 살아가는 모든 사람들의 절대적 가치가 되어야 한다고 생각한다.

농업을 삶의 기반으로 하는 우리 지역 사람들이 먼저 농심을 생활화하면서 모든 국민들이 농심을 생활의 지혜로 삼도록 하는 노력을 기울여야 할 것이다. 우리국민 모두가 동심과 양심 그리고 농심을 통해 월드컵 국민의 자존심을 살리고 지켜 나가는 노력을 게을리 해서는 안 될 것이다.

2002. 3. 18

# 디오게네스의 '둥불'을 밝히자

천하를 호령하던 알렉산더 대왕이 죽음 맞아 다음과 같은 유언을 남겼다. '내가 죽으면 나의 두 손이 관 밖으로 나오게 하라' 처음에는 대왕의 엽기적인 유언에 모두들 의아해 했다. 하지만 곧 천하를 호령하던 자신도 죽을 때는 아무것도 가지고 가지 못한다는 것을 사람들에게 보여주고자 했던 알렉산더의 깊은 뜻이 담겨져 있음을 알고는 숙연해 졌다고 한다.

명예를 쫓고, 재물을 탐하고, 권력을 잡기 위해 안간힘을 쏟고 있는 모든 이들은 알렉산더의 「공수래공수거」유언이 주는 교훈을 가슴 속 깊이 되새겨야 할 것이다. 얼마 전 인기리에 방영되었던 MBC의 「상도」라는 월, 화 드라마가 있었다. 인간이 자신의 지나친 욕심을 실현하기 위해 수단과 방법을 가리지 않고 일확천금을 노리는 것이 얼마나 허황된 꿈인가를 보여준 좋은 본보기가 되고 있다.

주인공 임상옥의 상전이며 스승이었던 황득주가 남긴 '장사는 이문을 남기는 것이 아니라 사람을 남기는 것이다' 하는 말은 오늘날 기업을 경영하는 모든 기업가들의 표상이 되기에 충분하다. 드라마 이긴 하지만 기업 윤리를 지켜가면서 천신만고의 고생 끝에 번 돈을 사회를 위해 환원하는 주인공의 모습은 아름다움을 넘어 가슴 뭉클한 진한 감동을 주기에 충분하다.

주인공 임상옥의 기업 철학은 알렉산더 대왕이 보여주고 싶었던 빈손 철학을 행동으로 실천한 대표적인 사례라고 생각한다. 선거철이 되면 지역발전을 위해 일겠다는 분들이 우후죽순격으로 등장하고 있다. 물론 지역발전을 위해 일하겠다는 사람이 많을수록 고장을 위해서는 매우 좋은 일이며 바람직한 일이다. 하지만 진정으로 자신의 명예욕과 권력욕, 재물욕 없이 이 한 몸 바쳐 내 고장 발전을 위해 일하겠다는 사람은 몇 사람이나 될지 궁금하다.

고대 그리스의 유명한 괴짜 철학자 디오게네스는 어느 날 훤한 대낮에 등불을 켜들고 아테네 시가로 나섰다. 제자가 대낮에 웬 등불이냐고 묻자 그는 '나는 지금 사람을 찾고 있다' 고 대답하였다. 이에 놀란 제자가 '사람들이 이렇게 많은데 어떤 사람을 찾느냐' 고 되묻자 디오게네스는 '나는 지금 사람다운 사람을 찾고 있다' 고 대답하였다. 이 일화는 인간성 상실의 시대를 살아가고 있는 현대인들에게 시사하는 바가 매우 크다고 생각한다. 사람다운 사람이 많지 않았던 당시의 세태를 반영하는 대화로 여겨진다. 그리고 보면 예나 지금이나 사람은 많으나 사람다운 사람은 많지 않았다는 공통점을 갖고 있는 것으로 보인다.

중앙정치무대에서 국가를 경영하겠다는 사람들은 물론 우리 지역을 발전시키겠다는 사람들 모두 자신이 최고 적임자라고 외치고 있다. 그러나 말을 앞세우는 사람, 자신의 공적을 내 세우는 사람, 겸손하지 못한 사람은 우리 모두가 경계해야 할 사람들임을 잊어서는 안 될 것이다.

가슴이 따뜻하고 도덕적으로 결함이 없으며 미래지향적인 비전을 제시하는 사람다운 사람을 찾아야 한다. 선거의 해라는 올해만큼은 대한민국 국민 모두에게 디오게네스 등불의 지혜가 필요한 시점이라고 생각한다.

2002. 4. 8

인간성 회복 운동으로
범죄 없는 세상을 만들자

　끔찍하고 충격적인 살인 사건이 연일 우리들의 가슴을 쓸어내리게 하고 있다. 최근 일련의 인간이기를 포기한 극악무도한 살인범들의 엽기적인 행각이 온 국민들에게 충격을 주고 있다. 텔레비전을 보면서 남의 일로 치부하기에는 너무나 우리 주변 가까이에 와 있음을 느낀다. 우리는 매일 아침 일어나기가 무섭게 내가 살아 있는가를 확인해야 하는 처지가 되었다. 어쩌다 이 지경까지 되었는지 모를 일이다. 내일은 또 어떤 끔찍한 사건이 우리를 기다리고 있을지 TV를 켜기가 두렵다.

　우리는 인간성 상실의 시대를 살고 있다. 18세기 영국의 산업혁명 이후 기계문명과 물질문명이 발달하면서 대두된 세계적 공통 현상이다. 인간생명의 존엄성은 간 곳이 없고 나를 중심으로 한 이기주의와 요행을 바라는 한탕주의가 판을 치고 있다. 우리나라는 물론 세계 각 국의 몇몇 단체에서 인간성 회복 운동을 전개하고는 있지만 아직 큰 효과를 기대하기는 어려운 실정이다.

인간성 상실의 원인으로는 첫 번째가 황금만능주의이다. 요즘 젊은이들은 돈이면 모든 것이 해결 될 수 있다고 믿고 있다. 그리고 성실하게 일을 해서 돈을 벌겠다는 의지보다는 요행을 바라는 한탕주의가 만연되어 있으며 경마장이나 복권판매 등이 이를 부추기는 역할을 하고 있다.

두 번째는 가족 구조의 변화이다. 대가족을 이루고 살던 농경사회에서는 철저한 가정교육을 통해서 인간적 정을 느끼며 더불어 살아가는 존재임을 배울 수 있었다. 하지만 핵가족으로 전환되면서 이기적 사고가 발달되었고, 산업사회의 바쁜 생활은 인간적 정을 교감할 수 있는 기회를 빼앗아 가 버렸다.

세 번째는 사회지도층 인사의 부정부패와 멀티미디어의 발달이다. 윗물이 맑아야 아래 물이 맑다는 말이 있다. 연일 매스컴을 통해서 봇물 터지듯 쏟아지는 게이트 사건을 보면서 국민들은 희망을 잃고 청소년들은 가치의 혼돈을 경험하게 된다. 멀티미디어가 발달하면서 인터넷, VTR 등을 통해서 사람의 생명을 파리 목숨쯤으로 생각케 하는 장면을 즐기면서 살고 있는 것이 우리들의 모습이다.

인간성 상실의 시대를 극복하기 위한 대책으로는 첫 번째가 인간성 회복 운동을 국가적, 사회적 차원에서 대대적으로 전개해야 한다는 것이다. 아울러 한탕주의, 요행주의가 사라지도록 제도적 장치를 마련해야 한다.

두 번째는 인간성 상실의 문제는 제도의 문제라기보다 의식의 문제로 접근해야 한다는 것이다. 따라서 도덕교육을 강화시켜 나가야 한다. 더불어 살아가는 습관을 익히게 하고 참고 인내하는 것을 가르쳐야 한다. 인간의 생명은 존귀한 것이고 내가 소중한 만큼 남도 소중한 존재라는 것을 알게 해 줘야 한다. 건강한 사회를 만들기 위해서는 국민들이 여가를 선용할 수 있는 시설을 확대하고 국민건강 프로그램을 개발하여 보급함으로서 건전한 사회 풍토를 조성해야 할 것이다.

세 번째는 추상같은 법의 적용이다. 인간이기를 포기한 자들을 사회로부터 영원히 격려해야 한다. 일부단체와 혹자는 인권을 앞세워 사형 제도를 폐지해야 한다고 주장하고 있다. 이런 주장을 펴는 단체와 개인에게 묻고 싶다. '당신의 사랑하는 아내와 자녀가 인간이기를 포기한 잔인한 살인범들에게 참혹하게 살해당해 주검으로 누워있는 상황 속에서도 과연 범죄자를 용서하자고 할 수 있겠는가?' 라고. 사형 제도의 폐지 주장은 살인 사건을 남의 일이라고 치부하는 자들의 목소리라고 필자는 확신한다. 원시적인 방법이기는 하지만 그래도 일반 서민이 믿고 의지할 수 있는 것은 역시 추상같은 법 밖에 없다 점을 기억해야 한다.

우리의 어린 자녀와 연약한 부녀자들이 범죄 없는 세상에서 마음놓고 살아가는 시대가 되길 소망해 본다.

2002. 5. 20

# 한탕주의, 경계해야 한다

얼마 전 「로또 복권」에서 60억원이 넘는 대박이 터졌다고 해서 장안의 화제가 되고 있다. 복권은 서양에서 들어온 요행을 바라는 대표적 한탕주의 문화이다. 우리나라에서는 1970년대 서민들의 주택마련을 위한다는 명분으로 주택복권을 시작했지만 지금은 복권의 종류가 수를 헤아릴 수 없을 만큼 많고 다양해 졌다. 방식도 추첨식, 즉석식, 번호 기입식 등 점차 다양화되어 국민들의 호기심을 자극하고 있다.

새마을 운동을 통해 근면, 성실로 대변되던 우리나라의 민족성이 근대화와 산업화를 이뤄 경제적으로 여유가 생기면서 차츰 변질되어 가고 있는 것 같아 안타깝다. 어렵고 힘든 일을 기피하고 땀 흘려 일하는 것보다는 편안한 방법으로 일확천금을 꿈꾸고 있는 것이다.

재벌 2세나 일부 연예인들이 외국에 나가 도박으로 엄청난 돈을 탕진해서 사회적 물의를 일으킨 사례만도 한 두건이 아니다. 정선

군의 고한 지역에는 몇 년 전부터 폐광지역의 경제 활성화를 위해 내국인용 카지노가 개설되었고 지금 성업 중에 있다. 가끔 돈을 땄다는 사람들의 이야기가 들려오지만 절대 다수가 가산을 모두 날리고 빈털터리가 되고 있는 실정이다.

경마장도 발 디딜 틈이 없을 정도로 성업하고 있다. 뒤이어 자전거의 경륜, 모터보트의 경정 등이 인기를 끌며 새로운 요행과 한탕주의를 부추기고 있다. 수도권의 아파트 분양 때마다 사람들이 북적대는 것은 내 집 마련을 위해서라기보다는 대부분 웃돈을 받아 돈을 부풀리기 위해서라는 사실은 삼척동자도 알고 있는 일이다.

과거에는 재테크의 방법이 오직 저축에 있었다. 열심히 노력해서 돈을 벌고, 그 돈을 절약해 가며 한 푼 두 푼씩 모아 목돈을 마련하면서 미래에 대한 희망을 가질 수 있었다. 그러나 이제 저축은 원시적인 방법으로 전락하고 말았다. 많은 사람들이 재테크의 수단으로 주식에 투자하거나 경매 등에 관심을 갖고 있다. 땀을 흘리지 않고도 쉽게 돈을 벌 수 있다는 기대 때문이다. 물론 이러한 방법들도 경제활동의 한 수단이다. 하지만 자칫 요행과 한탕주의 풍조가 만연하게 될 가능성이 있음을 간과해서는 안 될 것이다. 한탕주의는 각종 사회범죄로 연결될 수 있는 위험요소를 안고 있기 때문이다.

특히 한탕주의는 청소년의 가치관 형성에 부정적 영향을 미치게 될 것은 너무나 분명하다. 어려서부터 일하지 않고 요행만 바라며 하늘만 쳐다보는 습관이 길러진다고 할 때 그들 자신과 나라의 미래는 기약할 수 없게 될 것이다.

열심히 땀흘려 일하는 모습은 아름답다. 정직하고 성실하며 부지

런 한사람이 대접받고 부자가 되는 나라가 되어야 희망이 있다. 정
부에서도 요행과 한탕주의가 우리사회에 발붙이지 못하도록 정책
과 제도로 규제를 강화해야 한다. 복권 수익에 대한 세금을 더욱
높여야 한다. 언론에서도 대박이 터질 때마다 대서특필해 선량한
국민들에게 한탕주의를 부추기는 일이 없도록 해야 할 것이다.

2003. 1. 20

# 막가는 세상, 가정교육으로 지켜내자

　노무현 대통령은 취임초기에 평검사와 대화의 시간을 가졌다. 이는 유례없는 파격적인 하나의 사건이었으며 방송 3사는 전국에 생중계 해 국민적 관심을 높였다. 평검사들은 당당하게 자신들의 의견을 이야기했고, 대통령도 토론의 달인답게 토론을 잘 이끌었다.

　토론장에서 검사들의 거침없고 도전적인 태도에 대통령은 ‘이쯤 되면 막가자는 것이지요’라는 말을 했고 이 말은 한때 유행어가 되기도 했다. 지금도 코미디 프로에서 즐겨 사용하는 말 중의 하나이다. 그런데 어쩌다가 진짜 막가는 세상이 되어가고 있는 듯 함을 느끼게 된다.

　백주 대낮에 길가는 여대생을 납치하는가 하면, 민생치안을 담당한 경찰관이 납치범으로 둔갑하고, 애지중지 키워주었을 어머니와 할머니를 목 졸라 살해하는 엽기적인 사건들이 연일 신문과 방송 뉴스로 도배를 하고 있다. 정말 이쯤 되면 막가는 세상이 아닐 수 없다.

윤리와 도덕이 땅에 떨어지고 상식과 원칙을 실종한 사회가 지금 우리가 살아가고 있는 이 시대의 자화상인 것이다. 걸어 다니고 있는 시한폭탄을 안고 산다는 표현이 어울릴 정도로 삭막하고 불안한 세상이 되어 버렸다.

이런 사회적인 문제가 대두될 때마다 언론에서는 앞을 다투어 입시중심의 그릇된 교육제도에서 원인을 찾고 있다. 물론 부분적인 원인이 될 수도 있을 것이다. 하지만 더 큰 원인은 가정교육의 부재에 있다고 확신하다.

인간의 품성은 하루 이틀에 형성되는 것이 아니다. 부모님으로부터 물려받는 유전적인 요인도 있겠고, 무엇보다 성장 환경과 배경에 따라서 크게 좌우될 것이다. 특히 유아기와 청소년기의 성격 형성이 평생을 살아가는 바탕이 됨은 주지의 사실이다.

현대 산업사회에서는 여성들의 사회참여가 늘어나면서 맞벌이부부가 증가할 수밖에 없다. 따라서 아기를 엄마가 직접 키우지 못하고 할머니나 보모에 의해 양육이 되어지고 있는 실정이다. 그러다 보니 자연스럽게 부모 자식 간의 진한 정을 나누고 느낄 여유를 잃어버리기 쉽다. 유아기 때의 양육은 가정이라는 울타리 안에서 부모에게 꾸지람과 칭찬을 경험하며 성장했을 때 바른 가치관과 인성을 지니게 된다고 생각한다. 하지만 현대 사회는 그런 기회를 제공할 틈을 주지 않는다는 데에 문제의 심각성이 있다. 또한 자녀를 하나 또는 둘만 낳아 기르는 경향이어서 지나치게 과잉보호하며 애지중지 키우다보니 버릇이 없어지게 되고 자기중심적으로 성장하게 된다.

청소년이 되어서도 가족 간에 따뜻한 정을 나눌 수 있는 기회가 없다. 핵가족의 생활을 하면서도 가족이 함께 모여 식사를 하며 대화를 나누는 시간이 절대 부족하다. 결국 이 시대의 엽기적인 사건들은 이 사회와 우리 기성세대가 키워온 결과의 산물인 셈이다.

가족과 가정의 의미를 새롭게 조명해 보고 내 아이 내가 직접 키우기 운동을 전개하며 가정교육을 바로 세우려는 노력을 기울일 때 엽기적인 사건을 우리 사회에서 영원히 추방할 수 있을 것이다.

2003. 6. 23

자살은 가장 큰 죄악

　카드빚을 견디지 못한 일가족의 투신자살이 이어지고 있는 가운데 한 때 국가 경제를 좌우하던 현대 그룹의 총수를 지낸 정몽헌 현대아산 회장마저 자신의 회사에서 투신하여 생을 마감함으로서 국민들에게 큰 충격과 가치의 혼돈을 남기고 있다.

　물론 여러 종류의 투신자살에는 배경과 동기 면에서 현격한 차이가 존재한다. 하지만 이들의 자살이 갖는 의미와 충격은 다를 수 없다. 자살은 최후의 수단이다. 그렇다고 해서 죽음이 끝을 의미하며 모든 것이 용서되고 없어지는 것도 아니다. 남은 자들에게 새로운 멍에를 씌우게 되는 것이다. 자살은 종교적으로도 신에 대한 배신행위로 인식되고 있다.

　스스로 죽기까지에는 대단한 용기가 있어야 한다고 심리학자들은 말한다. 자살 할 수 있는 용기는 살아서 험난한 세상을 헤쳐 나갈 수 있는 삶의 에너지로 충분히 승화시켜 낼 수 있다는 것이다.

　최근 일가족의 집단 자살은 엄밀한 의미에서 자살이 아니다. 어

린 자식들이 부모에 의해 죽음을 당하는 끔찍한 살인 행위인 것이
다. 가족의 동반 자살은 '자식은 부모의 소유물'이라는 생각의 출발
에서 일어나는 현상이다. 그러나 어머니 뱃속의 생명체까지도 인격
을 인정받고 있는 시대이다. 따라서 어린이라 해도 그들 나름대로
인격과 생명의 존엄성을 인정받아야 함은 지극히 당연한 이치이다.
더는 부모의 잘못과 짧은 생각으로 꽃을 피워보지도 못한 어린이
들이 죽음을 강요당하는 일이 있어서는 안 될 것이다.

우리나라는 OECD에 가입한 선진국 중의 한 나라이고, 국민소득
1인당 2만불 시대를 목표로 힘차게 도약해 가고 있는 나라이다.
완벽하지는 못하지만 선진국에 걸 맞는 사회복지 시설도 차츰 갖
추어가고 있는 실정에 있다. 부모나 보호자가 없다 하더라도 얼마
든지 이 사회에 적응하며 살아갈 수 있는 기반이 마련되어 있음을
잊어서는 안 된다.

인간 생명에 대한 새로운 도덕의 재무장이 필요한 시점이라고
생각한다. 생명은 하나밖에 없는 가장 소중한 것이며, 나와 타인으
로부터 가장 존중되어야 하는 존재인 것이다. 따라서 나의 생명과
타인의 생명이 다함께 소중한 것임을 인식해야 한다.

잘 발달된 현대의 의학이지만 현재 우리 인간은 평균 80을 전후
하는 인생을 살아가고 있다. 부지런히 일하고 노력해도 부족하기만
한 삶이다. 그래서 우리 인류의 당면 과제는 생명의 연장에 있고,
이를 위해 끊임없이 연구하며 노력하고 있다. 최선을 다하는 인생
에는 시련과 고통도 있지만 보람과 환희도 있게 마련이다. 굳이 철
학적인 접근이 아니더라도 어렵고 힘든 인생을 극복한 삶이 얼마
나 아름다운 것인가 하는 것은 누구나 쉽게 알 수 있다.

　　언제부터인가 번지점프가 유행하고 있다. 청소년들에게 모험심과
도전정신의 용기를 키워주는데 크게 도움이 된다며 각광을 받고
있는 놀이 시설 중의 하나다. 그런데 번지점프의 용기가 투신자살
을 하는 수단으로 이용되고 있는 것 같아 몹시 안타깝다. 죽음으로
향하는 용기를 새로운 삶에 대한 열정으로 변화시키면서 아름다운
인생을 수놓아 가게되길 소망해 본다.

2003. 8. 11

# 이웃과 함께 따뜻한 연말을 보내자

수은주를 끌어내리는 영하의 날씨가 옷깃을 더욱 여미게 한다. 추위가 기승을 부리는 연말이면 몸과 마음이 더욱 추워지는 불우한 이웃이 있다. 몸이 추운 것은 참을 수 있어도 마음이 추운 것은 정말 참기 어렵다. 서로 돕는 따뜻한 마음으로 다 함께 이 추위를 이겨내는 지혜를 모아야 한다.

사회가 변화하고, 가족 구조와 개념이 바뀌고, 국내외의 정세와 경제가 혼돈을 거듭하면서 소외된 삶을 살아가야 하는 딱한 처지의 입장에 있는 분들이 점차 늘어나고 있는 추세이다. 이는 전국적인 현상으로 우리 지역이라고 해서 예외일 수는 없다. 이들에게는 항상 사랑과 관심을 가져야 하지만 특히 추위를 동반하는 연말에는 각별한 관심과 사랑이 필요한 때이다.

연말이면 이웃 사랑을 상징하는 사랑의 열매가 있고, 크리스마스씰이 있으며, 구세군의 자선냄비가 등장하곤 한다. 가슴에 사랑의 빨간 열매를 달고 계신 분들의 모습을 보면 대화 없이도 그 사람의 뜨거운 이웃 사랑에 대한 마음을 읽을 수 있다. 대한민국 사람 모두 사랑의 열매를 가슴에 달았으면 좋겠다.

얼마 전 보도에 의하면 구세군 냄비에 이름을 밝히지 않은 분이 3천만원의 거액을 기탁했다는 훈훈하면서도 아름다운 이야기가 들려온다. 이웃을 돕는 일을 남에게 알리는 일도 중요하다. 다른 분들의 동참을 유도하는 효과도 있고 투명한 사회를 만드는 계기가 되기도 하기 때문이다. 하지만 자신의 선행을 알리지 않고 하는 분들의 이웃돕기 또한 각박한 세상을 따뜻한 사회로 만들어 가는 지름길이기도 하다.

그러나 굳이 형식과 격식을 갖추지 않더라도 불우한 이웃에게 얼마든지 도움을 줄 수 있다. 이웃돕기에는 특별한 방법이 따로 있을 수 없다. 사랑이 담긴 정성이면 크고 작음은 물론 때와 장소를 가리지 않아도 무방하다. 불우하고 소외된 이웃들에게는 물질적인 도움이 절대적으로 필요하지만 따듯한 말 한마디가 어려움을 이겨 내는데 큰 힘과 용기가 되는 경우도 있음을 잊어서는 안 될 것이다. 이웃 간에 나누는 다정한 말, 밝은 표정이 우리 사회를 밝고 건강하게 만드는 촉진제가 될 수 있다.

지난 주 우리고장에서 불우한 이웃을 돕기 위한 운동이 펼쳐졌다. 쌀쌀한 날씨 속에서도 젊음과 이웃 사랑이라는 뜨거운 정성으로 거리의 추위를 녹여가며 감자떡을 팔아 이웃돕기 기금을 마련하는 단체가 있었다. '홍사랑' 이라는 친목 단체였다. 우리 지역의 훈훈한 인심을 그대로 보여주는 모습 같아서 정말 보기 좋았다. 특히 이 단체의 구성원들이 지역의 미래를 짊어지고 나갈 젊은이들이라는 점에서 의미와 가치가 사뭇 다르다고 생각해 보았다.

　더 많은 사회단체에서 불우이웃 돕기 운동을 전개했으면 하는 바램을 가져 본다. 연말이면 동창회를 비롯해 각종 모임이 많이 열리게 마련이다. 경비를 조금씩 줄이고 주변의 불우한 이웃을 살펴보는 계기가 되었으면 한다. 이웃돕기는 여유 있을 때 하는 것도 좋지만 힘들고 어려울 때, 절약하고 아껴가면서 하는 것이 더욱 가치 있고 보람 있으며 우리 모두가 추구하는 따뜻한 사회를 만들어가는 원동력이 될 수 있을 것이다.

2003. 12. 22

 # 물질적 풍요를 나누면 정신적 풍요가 된다

'더도 덜도 말고 한가위만 같아라' 라는 말이 있다. 중추절로도 불리는 추석은 농부들이 정성들여 가꾼 황금 들녘에서 오곡을 추수하고, 백과가 영글어 풍성한 결실로 상징되는 물질적 풍요를 제공해 주기 때문이다.

추석은 농업이 기반이었던 농경시대에 씨앗을 뿌리고 땀 흘려 가꾼 1년 농사를 마무리 짓고 수확을 거둬들이는 기쁨을 만끽하면서 풍년 농사를 이룰 수 있도록 해준 하늘과 조상에게 감사한 마음을 갖고 자신을 뒤돌아 볼 수 있게 하는 여유를 만들어주는 명절이다. 명칭과 풍습은 다르지만 농사를 짓는 모든 나라에서는 농사를 잘 짓게 해준 조상과 하늘에 감사드리는 추석은 다 있다.

주지하다시피 현대산업사회를 거친 정보화지식기반사회에서는 일을 하고 그 결실을 맺는 시기가 가을로 한정되어 있는 것이 아니다. 연중무휴로 언제든지 일한 만큼의 소득을 얻게 마련이다. 따라서 현대사회에서 추석명절이 갖는 의미는 농경사회에서와는 사뭇 다를 수밖에 없다.

기계더미와 콘크리트 숲 사이에서 살아야 하는 현대인은 물질적 풍요보다도 정신적 풍요가 더욱 절실하다. 마음이 넉넉하고 여유로워야 안정감을 높일 수 있으며 삶의 질을 향상시킬 수 있기 때문이다. 물질적 빈곤상태보다 정신적 빈곤상태가 가정적, 사회적, 국가적으로 더 큰 문제를 야기 시킬 수 있음을 잊어서는 안 된다. 따라서 정신적 풍요를 곡간에 차곡차곡 쌓는 일에 게을리 해서는 안 될 것이다.

우리 주변에는 어려운 이웃이 참으로 많다. 국민 소득이 1만불을 넘어 2만불을 향해 치닫고 있으며, 선진국 대열이라고 할 수 있는 OECD에 가입한지도 벌써 여러 해가 지나고 있지만 여전히 그늘지고 소외된 곳에서 슬픈 삶을 살아가야 하는 우리의 이웃이 존재하고 있다. 소년소녀 가장, 독거노인, 고아원 어린이, 장애인 등 우리 주변에는 따뜻한 이웃의 손길을 기다리는 분들이 의외로 많다.

어려운 이웃은 작은 도움에도 크게 감동하며 삶에 대하여 큰 용기와 힘이 될 수 있다. 때로는 작은 도움이 좌절과 절망의 늪에서 희망이라는 밧줄이 되어주기도 한다. 물질적으로 다소 여유가 있는 요즘 어려운 이웃과 함께 정을 나누어보자. 물질적 도움이 정신적 풍요로 승화될 것이 분명하다.

물질적인 도움도 필요하지만 따뜻한 말 한마디가 그들에겐 삶의 용기를 북돋워주는 청량제가 될 수 있음에 주목해야 한다. 따라서 물질적 나눔과 함께 가슴 따뜻한 정신적 풍요도 나누며 더불어 살아가는 아름다운 사회가 건설되기를 기대한다.

연말연시나 명절 때면 갖는 반짝 관심이 아니라 지속적, 정기적으로 사랑과 풍요를 나눌 수 있게 되기를 희망해 본다. 개인, 가족, 가문, 친목모임 등에서 자매결연 형식으로 지속적인 도움과 관심을 줄 때 그들은 진한 인간애와 함께 삶에 대한 새로운 욕구를 분출할 수 있게 될 것이다.

온 산하가 단풍으로 곱게 물들어 가고 있다. 우리들의 마음도 따뜻한 이웃 사랑으로 아름답게 수놓아 졌으면 좋겠다.

2004. 9. 27

 # 흔들리는 이웃사촌, 삭막한 세상

　얼마 전 보도에 의하면 앞으로 아파트나 연립주택의 위 층 또는 옆 층에서 시끄럽게 하여 이웃에게 피해를 주게 되면 경범죄를 적용하여 과태료를 물리게 한다고 한다. 주지하다시피 집은 가장 안락하고 편안한 곳이어야 한다. 직장과 사회에서 지친 몸과 마음을 달래고 가족 간에 진한 사랑과 정을 나누는 평화스러운 공간이기 때문이다. 어떻게 보면 너무나 당연한 조치라고 생각한다.

　하지만 우리에겐 예로부터 이웃사촌이란 말이 있다. 멀리 떨어져 있는 일가친척보다도 가깝게 지내며 대화와 협력의 상대로 함께 하는 삶의 모습에서 생겨난 말이다. 지금까지 이웃사촌은 사람이 사회를 살아가는데 필요한 아름다운 문화로서 매우 중요한 역할을 해왔다. 그러나 점점 삭막해져 가는 현대인들의 삶의 모습에서 이웃사촌이 흔들리게 되었고, 점차 그 자취를 감추어 가고 있다. 안타까운 일이다.

　지식정보화 시대라고 일컫는 현대 산업사회는 먼저 가족구조의 변화를 가져왔다. 2,3세대가 한 지붕 밑에서 생활하던 풍속은 이제 옛날이야기 속에서나 존재하게 되었다. 핵가족으로 분화되면서 가족 간에 정을 나누며 살아가기조차 힘든 시대가 되어 버린 것이다. 최근 들어 가족 간의 엽기적인 각종 범죄가 급증하고 있는 현상도 이와 전혀 무관하지는 않을 것이다.

현대인들의 주거문화도 급격하게 변화하면서 단독주택보다 다세대 연립이나, 아파트가 주종을 이루게 되었다. 이들의 공통점은 생활의 편리함에 있다. 같은 아파트에 십 년이 넘게 살면서도 바쁜 생활 탓에 위, 아래는 물론 바로 옆집에 누가 살고 있는지 조차 모르고 있음은 물론 알려고도 하지 않는 것이 현대인들의 삶의 모습이다. 자연스럽게 이웃사촌이 자리를 감출 수밖에 없도록 구조화되어 있다.

이웃 간에 교류가 없는 경직되어 있는 삶의 형태 속에서 이웃에 불편을 끼쳤다는 이유로 대화를 통한 해결이 아닌 벌금으로 문제를 해결하려는 접근은 간단하고 쉬운 해결 방안이 될 수도 있겠지만 또 다른 사회적인 문제를 야기 시킬 것이 분명하다. 이웃 간 불신의 골이 더욱 깊어지고 관계가 험악한 분위기로 형성되게 될 것이며 결국 사람 사는 맛을 찾거나 느낄 수가 없게 될 것이다.

불교에서는 옷깃만 스쳐도 인연이라는 말이 있다. 하물며 같은 건물 안에서 생활한다는 것은 상당한 인연임은 두말할 나위가 없다. 역사적으로 적대관계에 있던 국가 간에도, 개인 간에도 용서와 화해로 교류의 장이 마련되고 있다. 하물며 이웃 간에 대화와 교류를 통해서 해결하지 못할 인은 아무것도 없다고 확신한다. 불편하고 어려운 일일수록 만나고 대화를 하며 해결점을 찾아 나가는 것이 지혜로운 방법이다.

　세상이 급격히 변화하고 있다. 그러나 아무리 변화해도 새로운 문화의 창조와 함께 우리가 지키며 계승해야 할 문화가 있다. 이웃 사촌이라는 말은 우리나라에만 있는 특이한 용어이며, 아름다운 문화이다. 이웃과 함께 다정하게 정을 나누고 아름다운 인생을 살아갈 때 밝고 건전한 사회가 만들어 질 것이다.

2005. 5. 18

노인공경, 건강한 사회의 초석

　　노인공경 풍토를 조성하기 위해 10월을 노인공경의 달로 선정하였다. 풍요로운 결실의 계절을 맞아 넉넉한 마음으로 조상의 은덕을 기리고 감사의 마음을 갖는 계절인 10월을 선택한 것은 시의적절하다고 생각한다. 하지만 너무나 당연한 노인공경을 특정한 달을 선정해 가면서까지 강조해야 하는 현실이 마음을 아프게 한다.

　　그러나 노인공경의 달을 선정하여 자라나는 어린이들과 현대 산업사회를 바쁘게 살아가는 젊은이들에게 현재 자신의 모습을 뒤돌아보게 하고 미래 모습을 발견하게 한 관계기관에 깊은 감사를 보낸다. 주지하다시피 노인은 어제와 오늘을 있게 한 장본인이며 내일의 희망을 위하여 희생과 헌신으로 삶을 살아오신 분들이다. 특히 현재 노인들은 농경시대를 거쳐 산업화시대의 주역으로 민족부흥을 위해 평생을 힘들고 어렵게 살아온 인생역정을 갖고 있다. 또한 일제 강점기와 6.25 전쟁을 겪으며 나라를 지켜낸 세대로 존경받아 마땅하다.

노인은 어느 날 갑자기 노인이 된 것이 아니다. 어린이 과정과 청소년기, 청년기를 거쳐 장년기와 노년기를 맞게 된 것이다. 사람은 누구나 세상에 태어나면 늙고 병들며 죽게 마련이다. 그러나 젊은이들은 평생을 젊은이로 살아갈 것만 같은 착각 속에서 생활하고 있다. 이러한 현상은 새로운 가족구조 속에서 생활하고 있는 신세대들에게서 더 강하게 나타나고 있다.

인생에서 가장 중요한 것은 경험이다. 경험은 돈 주고 살 수 있는 것이 아니라 직접 체험을 통해서 만 얻을 수 있는 것이다. 노인들은 젊은이들이 갖지 못한 값진 경험을 갖고 있다. 삶의 지혜를 갖고 있는 것이다.

10월을 노인공경의 달로 선정하였으나 각종 언론매체 또는 교육기관과 협조하여 노인을 공경해야 하는 이유와 방법에 대하여 체계적으로 홍보하고 교육하는 데는 매우 소홀한 것으로 보인다. 구호로 그치고 있는 듯해 아쉬움이 남는다. 현수막의 구호가 아닌 교육과 홍보를 통해 실천력을 길러야 한다.

어른과 노인공경은 가정에서부터 시작되어야 한다. 집에서 부모님들이 말이 아닌 행동으로 실천을 해야 자녀들이 본받는다. 일시적이 아니라 몸에 밴 습관이 되어야 사회적으로 노인공경의 풍토가 조성될 수 있다.

우리나라는 점차 고령화 사회로 진입해 가고 있다. 그러나 사회적으로 노인문제가 대두될 때마다 남의 나라, 남의 일 이야기 정도로 치부하고 있는 듯 한 느낌이다. 인간은 누구나 노인이 될 수밖에 없는 운명을 갖고 있다. 젊어서 노인을 공경하는 습관은 저축과 같다. 젊어서 노인을 공경하면 훗날 노인이 되었을 때 젊은이들로부터 공경을 받을 수 있기 때문이다. 국가 차원에서도 노인의 복지 문제를 최우선 과제로 해결하기 위한 노력에 진력을 기울여야 할 것이다.

　노인이 어른으로 대접받는 사회가 진정으로 건강한 사회며, 미래에 희망을 주는 사회가 될 수 있음에 유의해야 한다. 10월 한 달이 아닌 연중으로 노인을 공경하는 풍토가 조성되기를 기대한다.

2005. 10. 19

'죄송' 과 '감사' 라는 말이 세상을 바꾼다

　세상이 매우 빠른 속도로 변화하고 있다. 변화에 발빠르게 적응하는 사람은 발전하지만 적응하지 못하는 사람은 제자리에 머물거나 뒤쳐지게 마련이다. 그러나 변화가 모두 바람직 한 것은 아니다. 급속한 변화는 삶의 형태를 삭막하고 각박하게 변화시키는 역기능도 함께 갖고 있음을 유념해야 한다. 따라서 바람직한 옛것을 지켜가면서 새로운 변화를 만들어가려는 노력을 기울여야 한다. 그리고 그 노력의 출발점은 항상 가정교육을 통해서임을 잊어서는 안 될 것이다.

　언제부터인가 젊은 세대들에게서 자신의 잘못을 인정하기를 거부하는 습관이 생겼고, 그런 탓에 잘못을 저지르고도 '죄송합니다' 라는 말을 잘 하지 않게 되었다. 물론 국회 청문회 등을 통해서 '기억이 안 난다' , '잘 모르겠다' 등 모르쇠로 일관하는 사회 지도급 인사들의 모습이 이러한 풍토를 조성하는데 일정부문 기여하기도 했을 것이다. 그러나 더 직접적이고 가장 큰 원인은 어려서부터 가

인사들의 모습이 이러한 풍토를 조성하는데 일정부문 기여하기도 했을 것이다. 그러나 더 직접적이고 가장 큰 원인은 어려서부터 가정에서 가르치지 않은 탓이라고 생각한다.

세상이 아무리 변화해도 정직은 개인이 갖고 있는 가장 큰 재산이다. 누구나 사람은 시행착오를 거치면서 성장 발전하게 마련이다. 사람은 누구나 잘못을 저지를 수 있다. 그리고 잘못을 뉘우치며 반성할 때 한 단계 더 성숙해지게 되는 것이다. 자신의 잘못을 부정하는 것은 두 번 죄를 짓는 행위이다. 한 번 부정하기 시작하면 습관이 되어 다른 일에도 계속 부정하게 된다.

'죄송합니다' 라는 말에는 자신의 잘못된 행동에 대한 자각과 함께 상대에 대해 용서를 구하는 마음이 담겨 있다. 큰 죄가 아닌 바에야 자신의 잘못을 뉘우치고 용서해 달라는데 용서하지 못할 이유가 없을 것이다. 하지만 잘못을 저지르고도 죄를 느끼지 못하고, 용서를 구하지 않는다면 더 무거운 대가를 치르게 될 것이다.

인간은 사회적 동물이다. 혼자가 아닌 여러 사람과 공동체를 이루며 더불어 살아가는 존재이다. 더불어 살아가는 삶에는 준법정신과 함께 희생과 양보와 협동의 태도가 존재한다. 사람은 크든 작든 주변의 사람들과 도움을 주고받으며 살아가고 있지만 우리는 그 고마움에 대해 잊고 살아가기 쉽다. 따라서 '감사합니다' 라는 말이 우리 주변에서 점차 사라져 가고 있다. 주위의 도움을 당연한 것으로 여기는 생각이 주범이다.

상을 받는 사람은 내가 잘 했으니 받아야 하고, 장학금을 받는 학생은 성적이 우수하니 받는 것이고, 경제적 도움을 받는 사람은 어려우니 도움을 받는 것은 너무나 당연 것이라고 생각한다면 이는 정말 대단히 잘못된 생각이다. 작은 것이라 해도 타인으로부터 도움을 받고 고마운 마음을 표현하지 못하는 사람은 또 다른 도움을 받을 수 있는 기회를 상실하게 될 것이다.

'감사합니다' 라는 말은 상대방의 고마움에 대한 최소한의 표현인 것이다. '감사합니다' 라는 말은 삶의 보람을 느끼게 하는 윤활유 같은 기능이 있어 또 다른 사람에게 도움을 줄 수 있는 에너지가 되기도 한다.

우리 사회가 진정으로 밝고 건강한 사회가 되기 위해서는, 더불어 살아가는 아름다운 세상을 만들어가기 위해서는 '죄송합니다' 와 '감사합니다' 라는 말은 어려서부터 습관이 되어야 하고 생활 속의 언어로 자리 잡아야 할 것이다.

2005. 11. 9

체력은 최고의 국가 경쟁력

인쇄일 초판 1쇄 2006년 02월 20일
            2쇄 2015년 02월 23일
발행일 초판 1쇄 2006년 02월 24일
            2쇄 2015년 02월 25일

지은이 이 영 욱
발행인 정 진 이
발행처 새미
등록일 1994.03.10, 제17-271호

서울시 강동구 암사동 463-25 2층
Tel : 442-4623~4 Fax : 442-4625
www.kookhak.co.kr
E-mail : kookhak2001@hanmail.net
ISBN 978-89-5628-205-3 (03400)
가 격 10,000원

* 새미는 국학자료원의 자매회사입니다.
*저자와의 협의 하에 인지는 생략합니다.